# 動物病院を訪れた 小さな命が教えてくれたこと

いそべ動物病院院長
磯部芳郎

現代書林

津村節子氏と著者。中央奥は故吉村昭氏の遺影

【特別寄稿】

# ◉——いのちを見つめて

津村節子

磯部さんが、四冊目の随筆集を出された。『動物医者の独り言』を出版されたのは二〇〇八年十月だから、今から八年前である。その時私は巻末に、「五十年の交流」を書いているから六十年近いおつきあいになる。磯部さんも若かったが、私も若かったなァと思う。

おつきあいのきっかけは、夫吉村昭の友人が猟をしていてセッターを飼っていたのだが、その犬がフィラリアになり、わが家の庭が井の頭公園に面しているので病犬の療養にいいと預けに来て、腹水がたまるのでその度毎に診ていただいていたのである。

猟に行かれなくなったコニーは、フェンス越しに公園の林を見ながら、かつて山野を駈けめぐっていた頃を思い出している風情で、吉村はその姿を見ながら、

——兎　追いし　かの山——

と思っているのだろうな、と言っていた。

コニーが死んだあと磯部さんが伊豆七島の新島から捨て犬を拾って来られた。〝島のむすめは〟小型の雑種で、娘がクッキーのような色をしていると言い、クッキーと呼ぶようになった。コニーは躾がよく、何でも命令に従ったが、クッキーはただ庭を駆け廻っているだけである。

狂犬病の予防注射に来られた磯部さんは、クッキーの様子を見ながら、

「こんなしあわせな犬はいませんね。芸も覚えさせられないで、鎖にもつながれず、洋服も着せられなくて、思いのまま広い庭を自由に走って一日を暮しているんですから」

と目を細めて言われた。

磯部さんは高額な費用をとる動物病院に対して憤りを感じておられる。磯部さんのエッセイは動物の立場になって書かれており、かれらの死に方にも幸、不幸がある。高度医療で生命を永らえさせるのは犬のため、周りのためになっているのか。楽しい未来はやって来ないただ苦しみだけに明日があるような状態の犬でも、生きてほしいと思う飼主がいることは嘆かわしい、と書いておられる。生きもののいのちを預る医師だから、尊厳死という難しい命題にもぶつかるのだ。

犬たちの最終の時間は、人間の時間ではなく、犬の時間で終わらせてあげたい、という

思いは磯部さんの切なる願いである。

「犬も猫も夢をみるらしい。その夢の中に恐ろしい人間がいませんように」と病院の壁に貼り出してあるのは、磯部さんのやさしさであり、信頼出来る医師であることの証しである。

二〇一六年九月

## ⦿——まえがき

「好きなことで仕事ができるなんて幸せですね」

と言われる。確かにそうかもしれない。

一九六二年に獣医科大学を卒業した私は、以来五十余年、動物医者としての人生を歩んできた。


私は小学生の頃から犬と一緒だった。猫もいたが犬との付き合いの方が長い。心の通ずる犬との交流は、精神的にも良いものだった。

眼の上に茶色の班のある黒い「ジョリ」が仔犬を生んだ。おとなしい小さな犬だった。仔犬がまだいる時に、ジョリがいなくなってしまった。当時、狂犬病予防のために野犬狩りと称して早朝などに犬を捕えていた。

いくら探してもジョリは見つからなかった。悲しい出来事に、私は毎日泣いていた。

熊のような、黒白の「ムク」を貰った。ムクとは小学生の時から獣医大生になるまで、兄弟のようにして育った。

家族が離れ離れになったときも、ムクと一緒だった。私が真面目に育つことができたのもムクのお蔭だと思っている。

大学を卒業して獣医師になり、国の研究所で実験動物の研究に携わった。子供の頃に可愛がっていた、モルモットやハムスター、マウスが対象だった。研究のためだと自分に言い聞かせたが、可哀想であったと心が痛む。

私は動物に計り知れない恩義がある。一九六六年、東京・保谷市に動物病院を開業した。動物たちに恩返しをしたいと思ったからだ。

以来五〇年、動物たちと、その飼主の方々に学ぶことがたくさんあった。動物病院で起こったさまざまな出来事、動物病院で感じたさまざまな思いを、筆の向くまま書いたものが本書である。

「子育ても　介護も教えて　犬が逝く」（『中畑流万能川柳』毎日新聞）

私の診療の心は、病院の経営のことでもなく、また飼主の望むことでもない。動物の味方として、動物の側にいる医者であること、弁護士であること——である。
それが、私の動物への恩返しだと思うからである。

二〇一六年九月

磯部芳郎

動物病院を訪れた小さな命が教えてくれたこと◉目次

**獣医の休日**



**さまざまな出会い**

# 【プロローグ】犬・猫を〝食べる〟人々

医療とは良心（療心）と倫理学を一番必要とする職業である。

散髪屋さんではその出来上りと値段について判断できる。トマトならその値段と味について判断できる。医療についてでは同じように比較、判断することはむずかしい。

しかるに施す人は良心に誓うべき仕事である。

今どき、犬や猫を食べる人がいると言っても、信じる人はいないだろう。

だが、いるのである。どんな調理をするのか、味はどうなのか……食べるというからには美味しいのであろう。


過去には人間が犬を食べていた歴史がある。子供の頃、赤い犬は旨いなどという話を聞いた事がある。

二万年前の犬の古い遺物（骨と歯）がアラスカで発見されている。

最近（二〇一五年）刊行された『ヒトとイヌがネアンデルタール人を絶滅させた』（パットシップマン著、原書房）という本の中で、ミーチェ・ジェルモンプレなどの研究によって、犬は三万二〇〇〇年前に家畜化されたと発表された。犬が家畜化されて獲物を獲る手助けをしたお蔭で、人間の文化が進歩したという事だろう。犬がいなければ人類の発展はなく、ネアンデルタール人に負けていたかもしれない。魏志倭人伝には、卑弥呼の傍にいたのは牛や馬ではなく、犬だけが家畜だったとあり、犬はどの家畜（牛・馬・山羊・鶏）より一番古い家畜であった。

縄文人は、猟犬として犬と暮らし、大切にし、丁重に埋葬までしている。縄文人は犬を食用とは考えていなかったのである。

土器類の中に、前足を踏ん張って耳を立て、短い尻尾を立てている姿を模したものもあることから、縄文人は犬を敬っていたことが窺われる。縄文犬は日本犬の祖といってもよいだろう。

弥生時代から中世に入ると、遺跡から発見される哺乳類の骨の中に犬の骨が見つかった。それも焼かれた跡や肉を削いだ跡の骨もあり、弥生人は縄文人が食べなかった犬を食べていたのだろう。だが一方、銅鐸には猪を狩る犬の図もある。

今や犬は家畜ではなく「コンパニオン・アニマル」などと呼ばれ、家族の一員になっている。ペット・ロスという言葉はコンラート・ローレンツの『人イヌにあう』の中で初めて、犬の死に打ちのめされた人に使った言葉である。

そのような飼主の心を逆手にとって、限りある生命の終わりを容認させる努力もせず、ただ期待をさせて、儲けることに専念する輩もいる。

コンパニオン・アニマルと呼ばれている犬猫たちを〝食べている〟人がいる。言葉を変えれば〝食いものにしている〟人がいるのである。

最近では耳や目を疑うほどの出来事に遭い、もはや義憤を抑え難い思いでこの文を書いている。

新聞社の世論調査部の人と話をする機会があった。最近の動物病院の医療費の高額化についての話だった。その額が社会通念上許される利潤なのか、動物病院は特別なのか、その裏側（懐《ふところ》具合）はどうなっているのだろうか、という話題だった。

私は獣医師だから、「仲間内の話はねー」と顔を伏せた。

「美味しい肴と酒の上での話としましょう」

動物病院の医療費について、何か興味があるのか気になる事があるのだろう。

私は以前、新聞の投書欄に投稿した事があるので、それを話題に提示した。

〈ペット診療適切な費用で〉

私は動物病院を経営している。先日、犬の飼主から、以前通っていた動物病院の領収書を見せられ、驚いた。会《え》陰《いん》ヘルニアの手術代が「20万円」とあったからだ。通常5万円ほどでできる手術だ。

ペットの医療には、人間のような公的医療保険制度がなく、自由診療になっている。診療や手術の費用は、獣医師や動物病院がそれぞれ決めている。法外な医療費の領収書を見ると、病院が収入を増やすため、わざと高い値段を飼主に請求しているように思えてならない。

私の病院に、飼主からの未収の医療費の回収を代行するという業者から案内の手紙が来る。このようなビジネスがあるのは、ペットの医療費の高額請求が日常的に行われ、それに納得できない飼主が払わない事例が多いからだろう。

獣医師には、飼主の立場にたって、物言わぬペットの治療に当る姿勢が求められる。安易な商業主義に走ることは、厳に慎まなければならない。

この投稿をテーマにして話し合いをした獣医師会もあり、よくぞ書いてくれたという人と黙っていてほしいという人が半々だったと聞いた。私の所属する獣医師会では何の反応もなかった。

投稿に反論をする獣医師がいてもいいはずだが、いなかった。無視する何か、話題にしたくない事情があるのだろう。

獣医師会からの反応はなかったが、全国版に掲載されたので読者からはいろいろあった。高額な医療費で納得できず、裁判をしているので応援してほしいというのもあった。

手術をすれば二〇〜七〇万円が請求される。避けがたい生命の終りがきているのに、獣医に対するおみやげに治療費が一五〇万円というのもある。

この動物の最後の儲けと頑張って、死の商人になる。「最期まで看るのが飼主の務めですよ」と話して延命する。

どんなに生かしても数日か数週間の生命であっても、少しでも生きてもらいたいと思う飼主の気持を酌《く》んで儲ける。

生者必滅《しょうじゃひつめつ》の時に考える機会としない。出来るだけ治療費を使わせる、それが飼主のやさしさだと説得する。

この意見に反対する人もいるだろう。死に対する個人の考え方だから当然である。

保険会社は高い医療費を奨励しているふしがある。手術をすれば三〇〜七〇万円もかかります、と宣伝している。

「病気になれば、すぐに何十万円もかかります」

これでは貧乏人は犬を飼えないか、無獣医村に住むことになる。

犬の一生（平均）に三八〇万円かかると発表されている。犬の一生の保険料も大変である。子育て中の若い人は動物など飼えないだろう。動物病院に来る人は高齢者ばかりだ。

飼われている犬の余命は八年くらいだろう。その後、動物を飼う人が増えるとは予想できない。八年後の動物の数は激減する。今のうちに動物病院の借金を返済しておかなくてはと獣医が思うのも人情だ。

犬では毎年五％から七％くらい減っている。

犬を飼う、買うのも大変だ。ペットショップで仔犬の値段を見てきた。

チワワ：二五万八〇〇〇円
ヨークシャーテリア：三四万八〇〇〇円

トイ・プードル：三五万八〇〇〇円
ダックスフンド：二三万八〇〇〇円
ポメラニアン：三三万八〇〇〇円
高いと思うか安いと思うか、犬から幸せをもらうにはお金がかかるということか。昔は雑種の犬がたくさん生まれていたのになー。鰹節を付けて貰っていたのになー（それは猫だったか）。

最近経験した幾つかの例をお話ししよう。可哀想な話である。

早朝五時頃、陣痛が続いているが産まれない、チワワ犬をつれて来院された。状況を訊ねると三日間もこうしているという。

診ただけで、この母犬は正常分娩できない事が一目瞭然だ。このチワワ犬は妊娠させれば九五％は帝王切開になるから仔を産ませるのは反対だ、と獣医は伝えるべきだった。

それにしても何故、死ぬほど悪くなるまで様子を見ていなくてはならなかったのか。

飼主の話では、某医院を受診したらX線を撮り、産めるかも知れないと伝えられ、もし産めない時にはと、他の病院を紹介された。

念のために手術費用を聞いてみると、四〇万から五〇万円を用意してほしいと言われた。思いもよらない手術費用のことで頭がいっぱいになり、この子（チワワ犬）に頑張れ、頑張れと言い続けて三日も過ごしてしまったという。このままだと骨盤に胎児の頭が詰まり、便も尿も出せず、子宮壁は圧迫されて壊死する。当然親仔とも死んでしまう。

もう助けようのない状態で来院されたのだ。

そうなってしまったわけは、産めるかも知れないと言った言葉、最大の原因はお金（手術費用）、飼主も逡巡した五〇万円という大金だ。仮に、私の場合であれば、帝王切開の手術が終ればすぐに家に返す。仔犬の面倒を見る母犬にとっては家の方がいいからだ。費用だって大してかからない。

問題は、手術費用五〇万円が妥当な金額なのか、ということである。

時給八五〇円で一日八時間働いたとして、七五日間分という大変な額である。このような領収書をお持ちの方はたくさんいるだろう。犬が手術をすれば五〇万から七〇万円が相場になっているのだろう。

特に高い治療費をとる事は特別な事例ではない。それだけが際立っているのではなく、氷山の一角で、それを支えている多くの事例がある。

先日、飼主さんから、彼女の友達の友達のことで相談があった。聞いて驚いたのはその内容である。悪徳獣医とバカな飼主の話であった。

犬に義眼を入れるについての相談である。費用は六五万円だという。

さて、犬の味方である私としては、犬にとって義眼は何の役に立つのか、と考える。犬の立場で考えると、何の役にも立たない。

飼主が義眼を入れたいと言うなら、それは無駄な行為であると諫《いさ》めるのが犬のことを考える獣医である。してはいけないと説得するのが私の立場である。

義眼を勧める獣医は悪徳獣医であると私は思うのだが、そういう私は駄目獣医なのだろうか。

高度医療と言われながら、通常の医療で済む症例はたくさんある。つまり、高度医療と述べなくても従来の医療で事足りている。治療される症例の中で、以前では難しい症例というのは僅《わず》かであろう。

高度医療が進歩したからといって、犬や猫の寿命が三〇年にはならない。人でも一五〇歳にはならない。

動物種として神から授かった寿命の長さしか生きられないのだ。その範囲内で生き延びている。

平均寿命といわれる統計があるが、寿命は各個体の問題である。その問題に、時の医療技術がかかわっている。

助かるのも死ぬのも同根である。助かる命が死ぬのも、死なせてもらえない生命も同根である。

生命の終焉をどうするかというのも医療の大問題である。

医学は人間を含めて死ぬ邪魔をしてはいけないのである。ただ医学の力（サブメディカル医療機器）の発達で生かされる。

医師は、できるだけのことをして患者の命を長く保つのを使命と教えられてきた。

高齢者が急増して、社会的な問題になった。ただ生かされるだけの治療に疑問を持つようになり話題になった。私は尊厳死協会に入った。

平均寿命は長くなったが、健康寿命でない人がたくさんいる。それは自分の終りをどうしたいかという意思表示がないからだ。医者任せだからである。

自分の死について家族と話し合う機会はまれで、縁起が悪いなどと言って話題になりづらい。愛犬が死んだ時に、生き物は皆、死ぬんだ、と話題にしてもらいたい。

一般の方で話題にしたのは二・八％、看護師・医師でも一割しかいない。これが人間の死をたくさん見てきた人の意識である。死ぬ事を忘れているのだ。

動物病院は医療の売上げに専念するよりも、死についての話題に深刻にならずに話せる所としていい場所である。悲しみに向き合える。

動物の死が教えてくれた尊い生命である。高額治療費の領収書だけでは犬死だ。

〝医は仁術なり〟こんな言葉もあった。

仁という言葉には寛容と慈悲、あるいは同情といったものが含まれる。人間性は即ち仁の心だと思う。古来、最高の徳である。医術が今より進歩していない古い時代に、医の心は現代より進んでいたのだろう。

前五世紀の医聖ヒポクラテスは、「医術を行なうことで、それより悪くしてはいけない」と医師の心得書の『ヒポクラテスの宣誓』の中で言っている。すごい言葉である。今の薬害とか医療の問題などを考えると、現代人は反論できない。

科学技術は進歩したが、二一世紀になって心は退廃してきたのだろう。

心やさしい人々に生命を支えられている臨床獣医師は、一般の人よりも、植物に対しても動物に対しても人間に対してもやさしくする義務がある。

市内のそこここに「世界が平和でありますように」という張り紙を見かける。いわゆる〝おふれ〟は、危ういことが迫ったときに出回るものである。江戸時代の高札もすべて巷に問題が起きた時の注意だった。『犬・猫を食べるのは止めましょう』の〝おふれ〟が出てきそうである。

# 動物病院の風景

## ◉——動物病院の一日

そろそろ虫の声が聞える季節になった。

今年の暑さにうんざりし、暑い時が楽しい年齢でもなくなったと感じた。

そう気付くのが歳だな。

病院は九時から始まる。

最初に来たのが興梠《こおろぎ》さんだった。

秋の虫のコウロギさんがかわいいキャバリア犬の仔犬を連れ娘さんと一緒に来た。

予防注射と飼い方の相談であった。

私の書いた『犬のしつけと病気』（池田書店）と『愛犬の飼い方・しつけ方』（日東書院）を参考になればと、とりあえず差し上げた。

もの言わぬ動物の診察は飼主の稟告《りんこく》（医学の専門用語、患者の訴え）を聞き、獣医師の視診、触診、聴診で解ることも多いが、血液検査などへと進む。売り上げのための検査はいけない。

懐《なつ》こい良い犬である。

犬は人間、つまり飼主を観察する。優しい人か、怒りっぽい人か、犬好きの人か、見分ける。

飼主の方が良い飼主になるための話をすることにした。

あしたの日本を創る協会主催の座談会「ペットと人間の共存をめざして」に出席した時の事を思い出した。その時、話した「いそべ式犬との共存ルール」を紹介した。
1．生きものに深い愛情をもち、常に安定した心で接すること。
2．好ましい状態で接すると動物から信頼を受ける。
3．動物が信頼をしている飼主から叱られたときだけ動物は反省する。
4．信頼関係の中で動物を自分勝手なことをさせず強く叱ること。体罰も仕方ない。
5．信頼を寄せていない人に叱られると、なおさら反抗的な悪い性質になる。
もし、この犬が悪い性質になったら犬に問題があるのではなく、人間側に、つまり飼主に問題があることになります、と話した。

犬を見て家庭の中を垣間見ることがある。息子さんが親に叱られると犬に当っていたことがある。犬を見て分かった。

犬は本来は人間の間を和やかにするもの。犬もとんだ迷惑だ。

すみません、話が外れた。

犬は狂犬病予防法による予防注射を生後三カ月で受けなくてはならない。

日本はその法律のお蔭で世界でも少ない狂犬病のない国になった。ところが台湾も同じような状態だったが二〇一三年、五〇年ぶりに狂犬病が発生し大変だった。日本獣医師会も緊張した。

犬には他に日本で流行している病気がある。コロナウイルス、ジステンパー、アデノウイルス、パラインフルエンザ、パルボウイルス感染症、伝染性肝炎の予防注射がある。

診察してみるとどこにも問題がないので接種した。おとなしくしていた。

「親譲りの免疫が完全になくなった時にもう一度します。それは生後三カ月以降です。犬を飼って楽しい生活をしてください」

次に来た方は騒しい人だった。

針小棒大、うるさく、よくしゃべる。

問題でない事についても心配で、ここはどうだ、あそこはどうだと、次々質問をしてくる。

いろいろ検査をして検査料を貰ったほうが親切に思われるかもしれないが、必要のない検査はしないほうがいいだろう。

獣医がお金儲けをするにはいい飼主だ。

獣医学的説明も大切だが、飼主の心の問題も話題にした方がよさそうだ。

動物は楽しむために飼うのだが、苦労の種を飼っているようだ。苦労は買って出ろなどという言葉もあるが、動物にはいのちがあるからそう簡単にはいかない。

だが、ひどい症状になるまで診察にこない人よりはましである。

「いい子に育って元気でいるんだよ」

頭を撫でると、尾を振って、さようなら。可愛かったなー。


「ハイ、こんにちは」

「あれあれ、どうしましたか」

「いつもの嘔吐と下痢ですよ」

この犬は胃腸が弱く、年に数回診察にくる。

注射と私の調合した薬で二、三日ですぐ治る。今回も例外なく、すぐ治るはずだ。

これで治らなければ普通でないな。

この薬は三種類の薬を調合したものであるが、よく下痢が治るので顧客に人気がある。下痢になりやすい犬は常備として持っている。本当は下痢になって来てもらった方が儲かるんだがね。

そんな事を言ってはいけませんね。

下痢で怖いのは半日くらいで死んでしまう腸管毒素（ベロ毒・シガ毒・エンテロトキシン）による下痢である。小腸で毒素を発生する嫌気性菌のウェルシュ菌が小腸で純培養のように繁殖し毒素を出す。

ウェルシュ菌は破傷風菌の兄弟みたいなものだから、その毒素は強力である。

動物病院を開業する前には研究所で実験動物の研究をしていたので、死んだ犬の解剖などお手のものだった。また、細菌の研究をしていたので研究室で培養した。

その結果、ウェルシュ菌だけが小腸にいる事が証明された。

菌の毒素で腸粘膜は剥《は》がれていた。

毒素の量が多いと下痢という症状が出ないで死んでしまう犬もいた。

破傷風は毒素が全身に回り死ぬ病気である。

抗生物質で菌を殺しても毒素のために死んでしまうので、毒素の力を無くす抗血清が最良の治療法である。しかし、ウェルシュ菌の抗血清はないので対症療法になる。破傷風には抗血清が用意されている。

人間では怖い下痢に食中毒で死亡者が出た大腸菌O－157があった。大腸菌には他にも怖いタイプがある。これも腸管毒素下痢症である。牛の生レバ刺が食べられなくなった原因だ。美味しかったですねー。

牛レバが食べられないので豚の肝臓の生を食べると寄生虫、肝炎などが危ない。国は二〇一五年六月以降、生食用として豚の肉や内臓を提供するのを禁じている。

治る病気もあれば治らない病気もある。人間は四百四病《しひゃくしし》を持って生まれるという。健康は正常と異常のバランスがとれている、微妙な状態にある。

病原体が感染するのと発症するのは違う。感染しても発症しなければ病気ではないのである。

お父さんとお母さん、可愛い子供が二人、犬を連れてやってきた。

「咳がひどいので来ました」

子供たちは心配そうな顔をしている。

私はこの子たちのために病気の事ではない話をした。

「皆の所にサンタクロースは来ましたか」

「来ました！」

大きな声の返事が返ってきた。

「それは良かった。サンタクロースは忙しいから良い子の所しか行けないんだ。サンタクロースが来たのは良い子なんだな。

親の言うことをきかない。学校でも先生の話を聞かない。努力をしない。いたずらばかりしている。友だちをいじめる。こういう子供の所にはサンタは来ないね。また、今年もサンタが来るように頑張ろうね。

犬だって良い犬と悪い犬がいるからね。待合室で静かに待っている良い犬もいるし、うるさく騒ぐ悪い子供もいるね。良い犬は良い子供と同じように可愛がってもらえるから幸せだね」

子供たちは真剣な顔をして聞いてくれた。動物病院は飼主や子供の教育の場でもある。


ニャン太郎を連れてきた。

「どうしましたか」

「トイレに何回も行って、じーっとしていますが何にも出ません。便秘でしょうか」

「お腹を触診したらすぐ分りますよ。おしっこが出せないのです。尿閉《へい》です。いつからですか。二四時間経過していると助けられません。腎臓のおしっこを作る毛細血管が尿圧で圧迫されて窒息状態になり、壊死して回復できないので尿毒症で死んでしまいます」

メス猫では大丈夫だがオス猫では尿道が細いので尿砂が詰まり、尿を出したいのに出せない状態になる。

尿砂は粉のように細かいストルバイト（リン酸アンモニウムマグネシウム）という結石である。膀胱炎に伴ってなることが多い。下部尿路疾患と呼ばれている。

ペニスに細いカテーテルを挿入し、水圧で砂を除去する。膀胱を洗滌《せんじょう》し結石を洗い出す。尿毒症がなければこれでおしまいである。

しかし、カテーテルが挿入できない時がある。その時はカテーテルを直接膀胱に入れて人工肛門のようにしないと延命できない。その時、そのようにして生かしてあげますか、と飼主に決断してもらわなければならない。そのまま麻酔を追加して天国へやる人もいればカテーテルで生かす人もいる。

この病気は二〇年くらい前（一九九五年頃）にはほとんど見る事はなかった。

アメリカではあったようだが、日本ではなかった。日本でもドライフードが売られるようになり、この病気のオス猫を治療するようになった。

オス猫の性器をメス猫の性器のようにして尿閉にならないようにする手術をアメリカの獣医師に見せてもらった事があった。その手術の方法を仲間の獣医師に教えた。日本の猫の尿砂をアメリカの獣医師にたくさん送った。尿砂の分析のためである。日本もアメリカの尿砂と同じ成分だった。

猫専門のアメリカの獣医師を招いて勉強会をした事があった。

私は、日本ではドライフードを食べだしたらこの病気が発生するようになったので、ドライフードと関係があるのではないか、と質問をした。答えは、「解りません」だった。

勉強会の後、講師を囲んで数人で飲むことになった。日本食で楽しい一時だった。

ドライフードがおかしいのではないか、と再度話をすると、「公の所でそうだと言うと、アメリカではすぐにフードメーカーが裁判を起すから、解らないと答えた」と言った。フードメーカーが尿砂ができない猫用ドライフードを売り出したのは、暗に認めたという証左だろう。

仔猫はその時食べさせられたもの以外、一生食べない傾向がある。ドライフード以外の他の美味しい食物に興味がなくなる。病気になってドライフードを食べないと普段でも他の美味しいものを食べないから食べるものがない（39ページ「犬・猫は実験動物か」の項参照）。

だから仔猫の時にいろいろな食物を食べさせた方がいいと私は思う。

子供連れがジャックラッセル犬と来た。

ふらふらしてよく歩けない。

型通りの診察で病気の事は分かった。

体温を計るために体温計を肛門に入れた。すると子供が、「ヒャー、お尻の穴に体温計を入れた！」と大声でびっくりしていた。

「あのね、人間は脇の下や口の中で体温を計るけど、犬は毛があるし暴れると計れないから肛門で計るんだよ」

「ふーん」と言って静かに見ていた。

病名は老犬性前庭症候群、人間のメニエル病みたいなもので、目まいがひどく天井が回る病気である。

眼玉が左右に動いている。眼振である。

ひどくなると立つ事ができず、動くと体が回転してしまう。船酔いみたいに嘔吐が激しくなる。

正しい治療をすれば三、四日で治る。

この治療の後に薬剤師が犬を連れてきたので、人ではどんな処方をしているか聞いてみた。ほとんど私と同じであったが、私の使わないイソバイドという薬が使われていた。浸透圧の違いによる利尿剤で、脳圧、眼圧、内リンパ圧降下作用の薬であった。

使ってみようと思ったが、今までの治療法でよく治るので使わないでもいいだろう。

夕方、最後の患者として私のかかりつけの医院にいる時に、急患の電話が我が家から入った。

帝王切開をしなくてはいけない状態らしい。親しくしている医師にその事を伝えると手術を見たいと言う。息子さんも医学生だし是非見たいとお願いされた。あまり気も進まないが、私の主治医であるから断るわけにもいかぬ。麻酔から始まり一部始終を見学してもらった。手術も終りほっとした。どうでしたか、と獣医の手術の感想を聞いてみた。第一声は、

「丁寧な手術ですね。獣医さんも人間の外科と同じですね」

「犬は術後静かに寝ていませんからね、創《きず》が開いたりしたら大変ですから丁寧に縫合するのです」

誉めてもらえたので安心した。

長い時が経っているのにこの医師と会うと思い出して、「あの時はおもしろかったねー」と話をする。会話の切っ掛けになる。

私は仔犬の痙攣《けいれん》・失神する低血糖の病気があり脳炎とまちがわれることがあったので、研究・発表する時に人医（人間を診る医者）の低血糖の本を借りた事を話題にだした。いろいろな人との交流も大切である。

スーパーに三毛猫が入ってきた。

数匹の猫を飼っている顧客がその猫を引き取り、私の所に来た。

懐《なつ》こい猫で猫らしくない態度で、飼うのに申し分ない。老猫に近い。

私の好きなうどんを一緒に食べたり、病院の中を楽しそうに歩き回り、一カ月半も居候していている。これからこの猫の処遇をどうしたものかと考えている時に、同じような猫を亡くした一人暮しの高齢者がいた。

正月を一人で過すのも寂しいと言っていた。猫も高齢だし、ちょうどよい組み合せである。お見合いと言えば人間であるが、猫とのお見合いである。

お見合いがうまくいけば結婚だが猫と同居することになった。猫アンカでふとんの中で暖く、めでたい正月を過した。

人には出来ない猫の福祉活動である。

ニャンとも言えない楽しい話である。

## ◉――犬・猫は実験動物か

私は国立予防衛生研究所で実験動物の研究をしていた。対象の動物はマウス、モルモット、ハムスター、兎、犬、猫、サルなどであった。

実験動物は実験データがぶれないように全頭に同じものを食べさせる。実験だから仕方がないというわけだ。

医学の研究に役立っているのに毎日同じドライフード、いわゆる〝カリカリ〟と水しか与えない。世の中にはニンジン、小松菜、ハコベ、タンポポなど美味しいものがたくさんあるのに食べさせない。

毎日、動物舎を覗くと「食べたいよう、何かほかのものを食べさせてよう……」とピイピイ泣いている。(空き地にはハコベやクローバーなどがたくさんあるけど、あげられないよ。お前たちは実験中だからな。管理もしやすいし、我慢してくれよ)――与えられたものしか食べられない実験動物の鳴き声は私の耳に哀しく響いた。

モルモットはビタミンCを体内で合成できないのでキャベツも与えていた。胃の薬で「キャベジン」という薬が売り出されていたが、毎日キャベツを与えていたモルモットには胃潰瘍ができた。実験によるストレスである。血液は心臓から直接採血していた。

実験のために生まれた生命だから、快適に好きなものを食べさせるわけにもいかない。とはいっても、実験のために長生きしてもらわなければならない。だから実験動物は毎日毎日、ポリポリ、カリカリ……と食べ、他の食物を知らないで死んでいく。酷な話だが、生まれ持った宿命である。

カニクイザルも東南アジアから供給されていた。野生のサルには虫歯はないが、実験動物になってビスケットを与えると虫歯になった。一九六五年頃の話である。発生のメカニズムは研究しなかった（野生のサルが虫歯で餌を食べられなくなれば、他の臓器が悪くなくても死んでしまう）。

最近、テレビで犬・猫のフードの宣伝が放映されるのをよく見る。

コマーシャルは言う。

「犬、猫に人間の食べ物を与えてはいけません。犬、猫のために研究された〝フード〟を与えましょう。可愛い犬、猫のために専用の〝フード〟を与えましょう」

と宣伝する。〝餌〟と言わないところがミソである。

飼主「ポチ（名前が古いな）、さあ、ごはんですよ。はい、カップ一杯のカリカリよ。水も飲むんですよ、体にいいんだから」

ポチ「いくら体にいいからといっても、毎日毎日、同じものを一生食べさせられるのかと思うとうんざりだ。これじゃあ、実験動物と同じだよ。肉だと思えば、ジャーキーみたいなものばかり。たまにはジュワーッと肉汁の出る肉も食べたいな。主人たちはいろいろ食べているくせに……俺たちの嗅覚は人間の一万倍だからな。カリカリを毎日食べさせられながら、いい匂いを嗅がされるのはたまらないよ。便利だし、調理もいらないからと、毎日毎日カップラーメンを食べてみな。そうすれば俺たちの気持ちが分かると思うよ。今すぐやってみな！」

イタリアの諺に、「食は心を豊かにするものである」「食卓についているあいだは年をとらない」というのがある。とくに美味しいものを食べると心が豊かになる。美味しいものを食べるのは生き甲斐である。犬や猫にも心があるから、当然その気持ちは同じものであろう。

私の論文に、犬の寿命は一三歳というのがある。私の愛犬が一四歳になったとき、それまで何でも食べていたのに、カステラと牛乳、そして水しか受け付けなくなった。それは彼が自ら選択したものである。すなわち、彼は寿命の近いことを悟って自分からその食を処したのである。だが、私の愛犬はそれから一年以上生きた。

ドッグフード・キャットフードの類は、栄養的に生命維持はできるだろうが愛が感じられない。「餌」と言わずに〝フード（食物）〟というネーミングに騙されてはいけない。一つ屋根の下に住む〝家庭の動物〟は実験動物ではないのである。

動物も個性的に生きて、好きなものを食べて、飼主よりも早く逝っていいのである。私は飼主に死なれた可哀想な動物をたくさん見てきた。

動物を看取ることは幸せなことなのだ。飼主に看取られる動物も幸せなのである。

## ◉――動物病院ならではの話

間違い電話がある。

電話の声を聞いただけで誰であるかすぐに分った。仕事柄、最初に出る言葉は「どうしましたか」と聞くのが常である。相手もそう聞かれれば答えて、体の不調を訴えた。

私も一応は医学の知識が素人よりあるので、いろいろと質問もした。

会話はスムースに進んだ。人間で言えば婦人科の病状である。

メス犬は排卵日にはオス犬を誘惑する「さかり」と呼ばれる状態になる。

つまり交尾を許す時である。その時以外は、けして交尾をしない。動物学的にはいつでもするのは人間だけである。これは人間のメスの知恵だ。

犬は「さかり」の後二カ月ぐらいでなりやすい病気がある。

「それで『さかり』は、いつきましたか」と質問をした。

この質問で電話をした相手が、こちらが産婦人科でないのに気づいた。

間違い電話であった。医者関係のところに、婦人科の先生と私の電話番号が並んで書いてあったのだろう。私も医者のはしくれだから、話が通じてしまった。

「まあ、私、電話先を間違えてしまった。はずかしい！　すみませんでした。これからも私の愛犬をよろしく頼みますね。今日の事は忘れてくださいね」

「はい、分りました」と答えたが、このご婦人の婦人科の話を聞いてしまった。そして書いてしまった。

ご安心ください。今は誰であったか、もう忘れました。


「大変です！　犬がお金を食べてしまいました」

可愛い犬を連れて慌てている。

今まで硬貨を飲んだ犬をたくさん診た。普通はたくさんごはんを食べさせて嘔吐させると食物に混って出すことができる。

「それは誤嚥《ごえん》ですね」

「そうです、それは五円です！　先生、すごいですね、どうして分ったのですか。レントゲンを撮ってもいないのに、名医ですね」

偉ぶるために素人には分からない医学用語を使う。

異物を飲む事を「誤嚥」という。日本語は同音異義語が多いからね。


子供の頃、よく病院に遊びに来ていて遠くに越した女性から電話があった。

「大変です、猫のお尻から腸が出て干《ひ》からびています」

下痢がひどくて、いきみ過ぎて脱腸になり、壊死して干からびていたら、腸の切断手術をしなければならない、と話した。

彼女が来院してきた。私は他の仕事をしていたので勤務医の二人に診察を頼んだ。

「院長、脱腸で腸が干からびています」

どれどれ、と診てみた。

「分かりました。治してあげますから待合室で待っていてください」

手術室へ連れて行って干からびたものを引き出した。腸ではなく、「こんどう」さんだった。

「治しておいたから大丈夫です。連れて帰っていいですよ」

彼女の耳元で小さな声で、「アレですよ」と伝えた。

二人の勤務医は、「もう、いいんですか?」と怪訝《けげん》な顔をした。「爪でちぎっておいたから大丈夫」と言った。もちろん、後で本当の話をした。

これも誤嘶である。いろいろな「ごえん」があるものだ。

患者が自分の病状を伝える事を稟告《りんこく》という。「患者の訴え」でいいではないか。渋り腹を裏急《りきゅう》後重《こうじゅう》という。この漢字を見ると、出したいのに何にも出ない苦しみがにじみ出ている。

後にのけぞることを後弓《こうきゅう》反張《はんちょう》という。字を見ただけでは分からない。

少し古い話だが(二〇〇八年)、日本で医師が使う専門用語について、国立国語研究所が全国の医師を対象に調査した結果、患者に意味が伝わらなかった言葉が七三六語に上ることが発表された。医師の言葉が通じず、誤解される証左であろう。

今は改善されているのだろうか。

犬はリーダーに従う。犬は狼の血筋を引く社会性のある動物である。その血筋が人間とうまくいく所以《ゆえん》であろう。

どんなに餌をやっても懐《なつ》くが従うものではない。餌が欲しくて言う事をきくだけだ。本当の所はリーダーの言うことをきく。犬は家族を観《み》ている。誰が家長か。犬は家長であるリーダーには従う。犬を観ると飼主の家が亭主関白か嬶《かかあ》天下か対等かが分かる。犬は、けして最下等にはならない。一番小さい人の上になる。

犬が亭主に叱られても奥さんの顔を見るようでは嬶天下かもしれない。

「ごはんよー」

その声を聞いて二階からもそもそと亭主が下りていったら犬のごはんだった。男尊女卑の社会よりは平和である。

犬もオナラをする。私の愛犬などは自分のオナラにびっくりして跳び起きた。若い時、乗馬をしていたが、馬など走りながらオナラをしていた。

オナラとは肛門から出る気体のことである。この気体は呑み込んだ空気と腸内の細菌が作ったものである。

オナラは困ったもので所構わず本人の意志とは関係なく、出るぞ……出るぞと肛門を刺激する。そんな時は肛門括約筋を調節して音が出ないように頑張るのが精々である。

残念ながらオナラの臭いは調節できない。

その気体には、水素、メタン、二酸化硫黄、硫化水素、スカトール、インドールなどが含まれている。細菌の組み合わせや食べたものの割合などにより、その臭いは千差万別である。つまりオナラには個性があるということになる。

ある時、着飾った女性が大きな犬を連れて病院に来た。具合を聞くと、「おなかが悪いようだ」と言う。大きな犬を女性に抱いてもらって診察台（体重計になっている）に載せてもらうわけにもいかないので、私がすることにした。

私が犬を抱いて中腰になったとき、「ブブーッ」と大きな音がした。

「イヤだ、先生が人前で大きなオナラをして」

と、女性は大笑いをした。

「いや、今のは犬がしたんですよ」と話したが、「犬がオナラをするんですか？」と信用しない。

こちらは専門家だから、臭いでドッグフードを食べていると察知できた。それなのに、弁解すればするほど疑いの眼差しになった。

診察が終わり、犬と女性が階段を降りて帰っていった。そしたらまた、「ブブーッ」と大きな音がした。

「奥さんもやりましたねー」と、大きな声で言ってやった。してやったりという感じだった。誤解が解けた瞬間だった。

また、ある時、高田馬場駅から急行に乗ったときのこと。

肩と肩がくっつくほどの混雑で、知らない者同士だからいいが、近所の美人の奥さんだったらどうしよう……などと、考えたりしていた。

この電車は鷺ノ宮まで止まらない。発車してしばらくすると、オナラの臭いが充満してきた。誰も皆、無言だった。ひどく臭い！　が、どうしようもない。誰もがひどい臭いに閉口した。誰だ、こんなところでガス弾を発射したのは……。

電車が鷺ノ宮で止まった。

ドアが開くと一人の紳士が降りた。ホームで帽子を脱いで、

「その臭いは私のものです」

と、頭を下げた。

その人の人柄と、人生を楽しんでいる様子に、今度はこちらが脱帽する番だった。

新患が来た時には住所、氏名を書いてもらう。患者は動物なので氏名の所に動物名を書く人が少なからずいる。

猫を膝に抱き、日向ぼっこをしているのが似合いのおばあちゃんの所へ往診に行った。

型のごとく住所氏名を聞いた。

「名前は○○タマです」

と言った。

「いやいや、猫の名前でなくおばあちゃんの名前ですよ」

「タマは私の名前です」

いやはや、おばあちゃんの名前をネコの名前にして大失敗だった。

昔の名前にはツル、カメ、ヨネ、ウシ、ツジ、トメさんなどありましたね。

待合室には日赤病院の内臓外科医と奥さんが待っていた。

犬の脾臓を摘出する手術を説明している時であった。

ちょうど、その時、奥さんに向って「獣医さんの話を聞いていなさい」と言っていた。後で分った事であるが、奥さんが脾臓摘出手術を受ける事になっていた。臓と名が付く所は大切な所だと奥さんは心配していた。内臓外科医のだんなさんがいくら説明しても、心配しないように嘘をついていると信用しない。ほとほと困っている時であったので、いい機会だったのだろう。

十数年前の話ではあるが、奥さんは今でも元気である。

動物が罹患する病気は全て人間と同じである。ただ、それぞれの病気の発生の比率が異なるだけである。

獣医学と人医学は多くに関連していると思うが、情報が密になっているとは思われない。獣医師は医学の専門誌を参考にすることがあるが、医師は獣医学の専門誌を見ることがない。動物の病気が人間の病気の予防、治療に役立つ事もあるはずだ。

人医は一種類の動物しか診ないが、獣医はいろいろな動物を診る。だから、それを獣(十)医師という。

野生動物が捕獲されると失神することがある。捕獲性筋疾患と呼ばれている。人間の心臓発作も似ているかも知れない。日本人が発見した「たこつぼ心筋症」である。

恐怖によって生じる迷走神経性除脈で失神したりすることを警戒性除脈という。被食者たる動物は、逃げるか、戦うか、失神して死んだようになって助かる例が多い。昆虫も死んだふりをする。呼吸を減らし心音を小さくして捕食者をだますのだ。

全米科学アカデミーの医学研究所が二〇〇九年、ワンヘルス（健康はひとつ）・サミットを開催した。医学は獣医学に学ぶところがある、と発表した。

水俣病は一九五三年頃、「ヨイヨイ病」とか「ツッコケ病」といわれ、この頃に発生したらしい。一九五六年、チッソ水俣工場付属病院では特異な脳症状の患者が発見され、水俣保健所に報告されたのが始まりである。

それより以前に、魚ばかり食べる猫の行動異常に気付いた獣医師がいた。私が厚生省の研究所に勤務していた一九六一年に聞いた話である。

地方学会での発表であり、猫のことだからとあまり話題にならなかったらしい。

この時、ワンヘルスの考えがあれば人間の被害がひどくなる前に水俣病が発見された可能性が十分あったはずだ。

日本で野生動物が死んだ場合、どうなるだろうか。よほど数多く死なない限り、そのまま放置されるだろう。私が一九七四年に訪ねたストックホルムの国立獣医学研究所では、設備の整った解剖室で、市民が拾ったという野鳥が解剖されていた。

「たかが野鳥一羽の死因を究明したところで……」と思われそうだが、環境汚染の犠牲はこのような化学物質に弱い動物から始まるのである。

たった一羽の鳥の死を、行政の立場からムダにしないという姿勢に感じ入り、このようなことがごく普通に行われていると聞いてさらに驚いた。

後で医学雑誌で解ったことであったが、この研究所が世界で初めて水銀農薬の危険性について警鐘を鳴らした所だった。当時日本はスウェーデンの一〇倍の水銀農薬を散布していた。その危険性についてはウズラの死亡例から発見されたものだった。環境毒に弱い動物が死をもって警告したシグナルであった。

野生動物は自然界に起きている異常を知らせているのだが、それに気付くか気付かないか人間の知恵が試されていたのだ。

立派な研究所で、それを支える行政と政治はもっと立派であった。

人体薬の全てが動物実験で安全性効果などが調べられている。人間は、ただ動物を食べるだけの人にならないで動物に感謝しなければならない。

## ⊙——病院に来る犬・来る人

犬の知能は高いがどうなっているのか分からない。獣医大学で犬学の授業を受けた事がある。犬にも人と同じような性格がある。犬の知能は我々が考えるよりありそうだ。また、我々より鋭い感覚を持っている。麻薬犬や警察犬などである。

ロビンはひどく雷を怖がる犬であった。

友人とビールを飲んでいると、「庭で犬の声がする。入院室から犬が逃げたのではないか」と友人が言う。慌てて庭に出てみると、エアデールテリアのロビンがいた。ロビンは往診する事が常であったが、車で二回ほど迎えにいった事がある。道程は入り組んだ細い道で、三・五キロほどある。

飼主が留守のときに雷が鳴った。壁を破って、私の病院に飛んで来た。ロビンは私を好きで、きっと助けてもらいたくて、がむしゃらに走ってきたのだろう。でもどうして、車で二回ほど往復しただけの私の病院が分かったのか不思議である。人でも地図を書かなければ覚えられない場所である。

伝書鳩がどうして巣に帰るのか、確実には分からない。蜜蜂については研究されている。犬はどうなっているのだろう。

朝早く新聞を取りにいくと、診察室の入口に小さなヨークシャーテリアがいた。診療に来ていた犬であるが、どうして歩いて来れたのか。

犬に好かれる獣医と自負しているが、これまでもいろいろな犬がひとりで遊びに来てくれた。よく覚えていてくれ嬉しく思う。

嬉しいといえば、私が開業した正月に、愛犬がお札を銜《くわ》えて来たことがある。お年玉でも拾ってきたのだろう。めでたい出来事であった。

カラスを飼っていた時も、五円玉を拾ってきた。カラスは光るものが好きなのだ。

管轄ではない保健所から電話がきた。

〝ヨークシャーテリアが保護されてきたが、ここに居られるのは六日間で、その後は殺処分になる可能性がある。そこで、できたらそちらで保護してもらえないか〟という用件であった。私は快諾した。

後日、その犬が私の所へ来たのだが、そのときの状態が尋常ではない喜びようなのだ。はて、どうした事か？　元々懐《なつ》っこい犬なのか、それとも、私のことを知っている犬なのか？

二日ほどして、もしかしたらあの犬ではないか、と思い浮かんだ。早速カルテを探しているときに、電話が鳴った。探しているカルテの人物からだった。

三日前から犬がいなくなって捜しているが見つからない、どうしたらよいか、という相談であった。

「いま、私に会ったらひどく喜んでいる犬が来ているのです。私もあなたに電話をするところでした」

その日の主従再会も、もちろん大喜びだった。

他の病院に行っていたら再会できなかったかも知れない。保護された保健所は七キロも離れている場所である。

信じ難い偶然ではあったが、まさに犬に好かれる獣医を自負する面目が立った出来事であった。

先のロビンの話も、やはり雷に驚いて夢中で家を走り出たとのことであった。このような性質の犬（精神病・音不安・分離不安）は、仮に外に飛び出さないでも家の中で大変な事になる。その被害の写真を見せてもらったことがある。カーテンは裂け、ソファーは破れ、家具は破損し、結果、高額の費用が掛かるひどい状況であった。

私はこのような犬をこれまで何度も診てきたが、加齢とともにその症状はひどくなる傾向がある。そのような犬にはあらかじめ鎮静剤を用意しておくことをお勧めしたい。

わが町でも振り込め詐欺の被害が多く、警察からも注意書きが配布された。幸い我が家では今のところ被害がないが、四人の友達のところには電話があった。よくもお金があるものだと思うが、被害総額数億円である。

往時、犬は、番犬と言われ怪しい者が来ると吠えるのが役目であった。最近の犬の役目は変わってきて、怪しい電話が掛かってきたときに、おばあちゃんが「犬の名前を言ってごらん」と言ったそうだ。電話はすぐに、ガチャンと切れた。

このおばあちゃんの機転に脱帽である。これで、人懐《なつ》っこい犬でも番犬になれることが分かった。

ここでも犬の分があり、餌をやる価値がある。


お金を出すのを嫌がる犬がいる。

普段はおとなしいのに、人にお金を渡そうとすると怒る犬である。宅配などで代金を払おうとするときなど特にひどい。倹約犬なのか吝嗇《りんしょく》犬なのか、はたまた飼主に似たのか。犬は飼主に似るという。神経質な飼主の犬、穏やかな飼主の犬……たしかに似ているようだ。物事の接し方など、犬はよく見ている。犬はボスに従う。

獣医は動物を診ると同時に飼主を見る。その後の関係を上手くやるためである。診察の結果をすぐに直接話しても大丈夫な人と、少しずつ分けて話さないとショックを受ける人がいる。そこを見極め、よく人を見て話をしなくてはならない。


ある日、飼主が、私は四〇日間意識が無かった事があります、と話した。

私は、四〇日間も意識が無くて、目が醒めた時にはどんな感じでしたか、と聞いた。すると、いつもと同じ目覚めで朝起きたようでした、と話した……。四〇日も意識無く寝ていたというのに！

目覚めの状況を聞いて、また驚いた。

いろいろな治療を受けても、名を呼び続けても、ずーっと目が覚めない。もう皆、諦めていた。せめて、大好きだった愛犬を病室に入れさせてください、と医者にお願いした。許可が下り、愛犬を枕元に連れて行くと、犬は大喜びで尻尾を振りワンワンと吠えた。犬を顔に近づけるとペロリと舐め、前足でカリカリと体に触った。

奇跡が起きた！「ポチ」と、無意識の中で呼んだのだ。四〇日目の声が出た。

「ポチは私の命の恩人です、医術ではできなかった記憶を呼び戻してくれたのです」と、この奇蹟の人は愛犬を抱きしめた。


とぼとぼ帰った犬がいた。

元気なく、うなだれて歩く様子の犬である。

盲導犬になるには訓練学校に入学するまでの一年間、里親に育てられる。優しい飼主のボランティアだ。可愛い盛りの一年間を育てるわけで、期間が終わっての別れは、犬も育ての親もさぞ寂しいことだろう。そんなラブラドールが私の病院に通院していた。

いつもは、私に懐《なつ》いて飛びつき纏《まと》わりつくのが、その日は様子が違っていた。予定より一カ月早く入学する事になり、お別れの挨拶にきたという。犬もその訳を知っているのか、いつものようにはしゃがない。

その時の帰る姿はとぼとぼとして、ああ、犬にも感情があるんだなぁと、胸に込み上げるものがあり涙が溢れた。

これからの盲導犬という仕事を思うと、愛玩犬とは異なる環境の中で、盲人の生命を守る厳しい対応が求められる。

幸せであってほしいと願わずにはいられない。また、盲導犬の役目を終えた後の余生を考えるとなおさらである。

## ⦿――お金の支払いは誰のために

動物病院にもいろいろな人が来る。

十人十色という言葉もある。

治療費に対する態度もいろいろである。

高級車に乗って来た人が五〇円のおつりを手を出して待っている。

がめつく稼いでけちるとお金が貯まるのだろう。どうも金持ちは小金《こがね》を大事にするのが秘訣《こっ》だな。やはりそれが高級車に乗れる秘訣の一部なのかな。

裕福に見えない人が「おつりはいらないよ」と言う。身体障害者補助犬「ひかりの箱」に入れていく人もいる。

お金を使う時には相手の人に幸せ感を与えると自分も幸せになれる。「楽しかったなー」と思うと幸せになれる。お金を払う時に威張ると楽しみが無くなる。

これからの話は治療費に対する一度ではない体験である。フィラリア症の手術に関する時であった。

二〇〇〇年までは多くの犬がフィラリア虫の寿命と共に死んでいった。犬の死因の半分くらいになるのではないかと思われるほどだった。

二〇一五年のノーベル生理学・医学賞に輝いた大村智北里大学特別栄誉教授が発見した抗寄生虫薬「イベルメクチン」が、動物の外部寄生虫（ダニなど）、内部寄生虫に使われ画期的効果を示した。

その後、人間にも使用されアフリカで流行している寄生虫病の予防のために、年一、二回投与するだけで年間四万人の失明を防いでいる。それが受賞の理由だろう。

そのお陰で東京ではフィラリア症はなくなりつつある。

それではフィラリア症とはどんな病気であろうか。

蚊が媒介して主に犬の右心房・肺動脈に寄生する長さ二五cmくらいの素麺《そうめん》状の虫である。ひっそりと邪魔にならずに棲んでいる。

腸の中と異なって死んだら外に出られないから血管に死体が栓《つま》ってしまう。ノミなら他の犬に寄生できるがフィラリア虫は犬が死んだら自分も死ぬ事になるからひっそりと暮らしている。フィラリア虫の寿命は六年ぐらいである。

フィラリア虫は雌雄いてミクロフィラリアという仔虫が生まれ、血液の中にいる。それを蚊が吸血し蚊の体に入り、また吸血する時に犬に感染する。蚊の体を中間宿主《しゅくしゅ》として通過しないと親虫にはなれない。輸血されたミクロフィラリアは親虫にはなれない。

夜になるとツルヌスと呼ばれる現象で仔虫は体表の血管に出てくる。自然は不思議である。

さて、この虫の治療であるが、死んだら出る所がなく肺の細い血管に栓塞《せんそく》するわけだから寄生数の少ないうちに毎年、ヒ素剤で殺虫していた。虫が死んだら肺栓塞で犬が死んでしまう。寄生数の多い時にはあまりする人はいなかったが、私の場合、心臓に穴をあけて虫を取り出していた。その虫は元気に這い回っていた。

では、虫が寿命に近づいて元気がなくなったらどうなるか。

血液の流れに抵抗できずに渦巻きに巻きこまれ、心臓弁に絡《から》まり右心房に巻きこまれる。

私も研究した事があるのだが、フィラリア虫の寄生と共に赤血球の抵抗が弱くなってくる。当時、日本大学の獣医学部の学生二人が実習に来ていて、親しくなった。卒業論文が書けなくて困っていると話していたので、それではと研究を手伝ってもらい、卒業論文とした。

突然血尿を出し、独特の心雑音になり一日から五日くらいで死んでしまうのが獣医界の常識であった。つまり諦めであった。

これはフィラリア症で死ぬ一つの症状であった。しかし、この症状で死んだ犬を解剖すると頸静脈から虫を取り出せる事に気がついた。頸静脈から長さ三〇㎝くらいの鉗子を挿入し虫を取り出す事に成功した。

すると劇的な効果で犬はすぐに元気になる。取り出された虫は心臓から取り出した虫と違ってほとんど動かなかった。

この症状は死んでしまうと思われていたので、この症状の犬を貰い受けて何度も手術をし、元気にして無料で飼主に返していた。するとびっくりすると同時に大変喜ばれた。

新しいフィラリアの手術法として学会に発表し、学会賞を受賞した。

これでどれだけの犬が助かったか自慢であった。フィラリア虫が通常の所に寄生していては症状は出ず、この方法では虫は取り出せない。だがこの急性症状の時には虫が取り出せるのである。この事に気づいたのは大発見である。

通常は右心・肺動脈不全の病気であるから、肺出血、肝不全で腹水がたまり、死ぬ病気であった。

ある時、お母さんと女の子が病院に来た。診察すると犬の症状はフィラリア症の急性症であった。

お母さんに、この愛犬はこのままでは二、三日で死んでしまう、と話した。助けるには新しい手術しかないと詳しく説明をした。側で女の子は犬の頭を撫で、じーっと聞いていた。

手慣れた手術だったので安い手術料しか頂いていなかったが、お母さんは、

「うちの主人は犬などにはお金をあまり出しません。今回はどうでしょう。説得するのが難しいかもしれません」

と思案顔である。

「今日、手術をすれば助かるでしょう。明日になれば助かる率は半分以下になります」

私の印象では手術を受ける感じがない。女の子は悲しい顔をしては犬の名前を呼んで頭を撫でていた。

私の子供の頃の事を思い出した。

愛犬「ムク」がつないであったのに野犬狩りの人に連れていかれてしまった。夕方にな

っていたが野犬収容所に行ってみたら、そこにムクがいた。私の姿を見付けると鳴いて飛び跳ねていた。

お金が工面できなければ殺される。事務手続の時間は終っている。これが永遠の別れになるのかと一晩中泣いていた。その時の女の子の気持ちは同じだった。

ムクは翌日、迎えに行く事が出来た。一晩中鳴いていたので、ひどい声になっていた。

さて、診察中の犬はどうなるのか。

女の子の気持ちを考えると心は穏やかになれなかった。お母さんの口から手術を受けないと言う言葉を聞けば、女の子は親を恨むだろう。大人になってもこの事を思い出すだろう。

お母さんが返事をする前に私は話した。

「どうでしょう、この手術はまだ学会に発表したばかりなので、症例を増すために、よろしければ無料でやりましょう。ただし、元気になったらご主人に会わせてくださいね」

女の子には、すぐに手術をしないと死んでしまうから入院させてね、と話した。

女の子は安堵して穏やかな顔になった。

さあ、すぐに手術をするしかない。元気になった愛犬を女の子に返すだけだ。喜ぶ顔が見たい。

愛犬が退院し、後日、お父さんが訪ねて来た。名刺の肩書きは銀行の支店長と書いてあった。奥さんが話した通り、お金の支払いに対して細かいような感じの人だった。

家計簿を調べたり、毎日会計監査のようで大変だったと話した奥さんの気持ちが納得できた。銀行のように一円の間違いも許さない家庭なのだろう。

奥さんの苦労が思いやられる。

飼い犬のために支払うのは無駄な金だと思っているふしがある。

死んで当然だと。

子供の気持ちなどぜんぜん理解していない。

やはりお父さんにお金の使い方を教えるべきだろう。

「私の病院は犬の味方ですからね。法外な治療費を請求するつもりはありませんよ。あなたにとって小遣いのようなお金を出さないで愛犬が死んでしまったら、子供さんは心の痛みを一生忘れないでしょう。あの時、お父さんが手術をしてくれなかった、と忘れる事のない記憶が残るでしょう。

それを阻止するのが私の考えで、他に何にもありません。この話をすればこれで終りです」


後日、奥さんから丁重な手紙を頂いた。口やかましい夫がやさしくなったと喜んでいた。

「あなたは名医です。犬を治してくれただけでなく、夫も良い人になりました」

と誉めてくれた。

医者では会話にならないが、獣医だからできる動物病院の会話だろう。


飼主の命を助けた犬がいた。その愛犬の命をどうしても助けてあげたい——。

当時だからフィラリア虫の予防をしっかりしていなかった。

フィラリア虫が多数寄生しているシェパード犬だった。犬にもその症状があり、運動力は弱くなっていた。内科的殺虫剤の治療では虫の死体による肺動脈栓塞で確実に死ぬ。

大学病院でも、成り行きに任せましょう、と言われた。内科的治療ができないほど虫が寄生している時に、私が外科的に虫を摘出する手術をしていると聞いて飼主が来てくれた。

以前、その飼主は所沢市本郷の柳瀬川を犬と散歩している時に失神して倒れてしまった。その時、犬が家族に知らせに帰り、救急車が来てくれて一命を取り止めた。

そんなわけで、命の恩犬《おんけん》だから助けられるものなら長生きさせてあげたい、恩返しをしたい、と飼主は言う。
手術をして助けてあげた。
シェパードも飼主も私も幸福だった。

## ◉──動物病院のありようは

仔犬と子供たちがどやーっと病院にやってきた。どの子も仔犬の事が心配で瞳が輝いている。

良い犬にするにはどうしたらいいのかと質問してくる。病気にならないようにするにはどうしたらいいのかと質問してくる。

良い犬になるには良い飼主に飼われること。良い飼主でないと犬は困るのである。犬には躾も必要である。良い飼主の命令が犬には一番分かりやすいからだ。

犬を病気にさせないためには、犬について勉強することだ。

犬と幸せに暮らせるといい。

そして、この子たちが成人になる前に老犬になり、死ぬ。

「子育ても　介護も教えて　犬が逝く」（仲畑流万能川柳）というのがあったが、まったくそのとおりだ。犬の一生を一七文字にする日本の文化である。

動物病院のありようはどういうものだろう。

動物病院の社会的役割は何であろう、といえば、今さら何と思う人もいるだろう。動物の病気を治す所にきまっているだろう、という答えが返ってくる。

病院はなるべく死なせないように延命を図ろうとする。避けられない死の時でも、医師や看護師は使命として頑張る。

神さまの水と思い一所懸命点滴をする。酸素吸入をする。何であれ死なせないために頑張る。

しかし、そうではないと私は思う。

病院は死ぬ所である。動物の死を通して、飼主の死生観を考えさせる所である。

動物の死に対してどうしたらいいのか。寿命が尽きようとして明日の生も知れず何も食べない犬猫に、チューブを通して栄素価の高いものを与える意味があるのだろうか。胃腸の消化力も低下している。

人間はやさしい看護師の手で経鼻カテーテルや胃瘻《いろう》で栄養を与えられる。死なせてもらえないのである。

医学は何らかの処置をして何でも生かそうとする。医師の使命だという考えしかない。

この犬の余命はあまり無い。どのように終らせるのがいいのか、飼主の決断である。本犬（人）の意思は解らない。自分だったらどうしてもらいたいかと考える。犬の死に様から自分の死に方を考えろと犬が吠えている。

私の年齢では、これからどう生きるかという事より、どう死ぬかという事を考え、まとめておくことは周りの人のためである。

自分らしい人生が完結できるようにするには準備が必要である。

動物病院は動物の死をモデルにして、この話題を話すのによい所である。

動物には実験動物というものがいる。実験動物には疾患モデルといわれる動物がいる。糖尿病・高血圧など人間の病気になる系統の動物がいる。人間の病気のモデルになって病気の研究の役に立っている。

人間より命の短い犬猫は、老いていく人間の生命モデルといえるだろう。人間と意思の疎通が強い犬では、特に加齢の変化が感じとれる。

では認知症のモデルの犬ではどうであろうか。犬が認知症を教えてくれる。子供から見た親の老後の姿である。

目的もなく哭《な》く、夜哭きがひどくなる、気になる歩き方、脚力の低下、狭いところに入り後ずさりできない、いつも同じ方向にぐるぐる回る、無目的に歩き回る、昼夜の逆転、日中寝ていることが多い、ぼーっとして飼主を認識できない、失禁、視力の低下、耳が遠くなる……、何やら人間に共通している。

これが動物病院のありようであろう。

どんなに家族が大変でも、意識が無くても生きたい方は読まなかったことにして下さい。自分が死ぬことを忘れてはいけない。自分の死に方を考えておき、自分のことが解る時に、どのようにしてもらいたいか文章に具体的に書いておくことは、残された人に対する愛情である。

特に医学的処置に対してどうしてもらいたいか書くべきだ。酸素吸入はどうするか、栄養カテーテルはどうするか、等々。無駄に医療費をかけて生かされることを拒否する、と書いておくのである。

そうはいっても、元気なうちは楽しく、家族、友だちと語り、酒を飲んで、本を読んで、頑張りましょう。

## ◉――消えたダイヤの指輪

一日の診療も終わり、椅子に深々と腰をかけ、ひと息ついたころに、一人の娘さんが訪ねてきた。色白で頬が赤く、見るからに北国出といった小柄な娘さんだった。

娘さんの表情は、緊張で引きつっている。私はまずその緊張をほぐすことにした。私の打ち解けた話に、やがて娘さんの表情もなごんできた。

「先生、犬は食べ物以外の物を食べることがありますか」という娘さんの質問に、私は何故このような質問が飛び出したのか、その周辺を探り当てることにした。

そして、そのナゾは解けた。

娘さんは東北から出て来て、ある家のお手伝いをしているが、近々やめて故郷へ帰ることになっている。その折も折、あまり人の入らない三畳間の鏡台から、ダイヤの指輪が消えたと女主人に聞かされた。その話し方は、まるで「あなたは知っているだろう」という詰問調だった――というのである。このまま故郷に帰れば疑いは晴れない。思いついて獣医の私を訪ねてきたのだった。

犬は石、ボタン、布切れ、硬貨、果実のタネなどが原因で、よく腸閉塞を起こす。手術をすると、その証しが出てくる。だが多くの場合、飼主は「そのような物は食べない」と否認する。

私は、いままで経験したいろいろな症例を娘さんに話して聞かせた。

娘さんは「やはり私が想像していた通りかもしれない」と、ホッとした顔になった。

「知らずにウンチを捨てられたら大変だ。急いで犬を連れていらっしゃい」という私の言葉を背に、娘さんは立ち去った。

あくる朝、ビーグルが、派手な着物をまとった五〇代も半ばを過ぎた婦人と一緒にやってきた。入念に腹部を触診すると、それらしい異物の手ごたえ。これだけで診察は十分だったが、いままでのいきさつからこの婦人を納得させるには客観的な証拠を見せる必要があると判断し、X線写真をとることにした。

そこには、紛れもない指輪が写し出された。そして、犬の大きさと指輪の大きさを考えると腸を通過すると判断できた。

すぐにお手伝いさんを疑うような短絡的思考の持ち主である婦人は、「開腹手術で指輪を取り出して」と顔色も変えずに言ってのけた。人に対しても、動物に対しても、なんら思いやりを持たない、私のもっとも嫌いなタイプである。胃内にあれば嘔吐させる法もあったが、あえてそれをしなかった。腸閉塞であれば開腹手術しかない。

自分のお腹でないからといって結論を急ぐなと、やっとのことで諭し、「気長に待つように」と指示を与えた。なにしろ、四〇万円の犬の糞である。派手な着物を着て毎日毎日、犬の糞を掻き回している婦人を想像しながら、ひそかに苦笑したものである。

胃の内容物は消化され軟らかくなって腸に下りていくが、固いものは数カ月でも胃に溜まっている。腸に入れば一日で便として出てくる。

三週間目に「見つけた」との電話があった。娘さんはすでに郷里に帰ったとのこと。「娘さんにすぐ知らせてほしい」と言って私は電話を切った。

犬の糞をかき回している婦人の滑稽な姿を想像して笑った。

# 犬の視点

## ⦿――犬も笑うし、困ったり怒ったり

かの有名なアリストテレスは「動物の中で笑うものはヒトだけである」と言っているが、市井《しせい》の獣医が反論しよう。

アリストテレスは動物を観察する機会が私より少なかったからだろう（本人が目の前にいないので、言いたいことが言える）。

私は若い頃、乗馬をしていた。

馬には「フレーメン」という、馬の表情を表す言葉がある。刺激や興奮した時にする表情だが、人間が笑ったような顔付きである。

笑うという知能は、すごく高級な、動物にはないものだと思われている。

しかし、犬には恥かしいと思う気持ちも自尊心もある。

私は犬が笑うのを何度も見た。

笑うという動作は高次元なコミュニケーションで、個体と個体の関係である。

動物たちの情報交換はどうなっているのか？……一匹の動物の働きかけによって、もう一匹の動物の行動を起こさせることである。同種間のオスとメスの出会いで交尾するためのコミュニケーション、社会性のある動物の仲間とのコミュニケーションで成り立っている。

人は嬉しいとき、楽しいときに笑う。久しぶりに友に会った時などにも笑う。そうかと思う一方で、人の失敗でも笑う。落語の世界では頓馬《とんま》の失敗で笑う。人が雪道で転ぶのを見て笑う。

笑うのは、自分が優越を感じたときに起るのだろうか？

あるとき、テレビを見ていた時のことを思い出した。小さい子供が滑り台で、着地点で転んだ。見ていた親たちや周りの人たちが大笑いした。その子は泣いて怒っていた。その様子は痛くて泣いているのではなかった。笑われた事に怒っているのだ。小さな子供にも自尊心がある。

笑うとか怒る精神は高度な知能である。

犬も笑ったり怒ったりするので、犬の知能も高度である。飼主をよく観察している犬は、人間の嬉しいときの表情をよく見ていて、それを真似るのだろう。

柴犬のオスのサブは、たいした事ではないがたまに来院する。サブは来た時に必ず笑う。飼主の前を歩いてくるので、飼主は気づかない。目を細めて顔にシワを寄せて笑う。だが、何度も笑わない。一度だけである。笑い顔は子供のようで可愛い。

飼主はその笑い顔を知らない。犬に好かれる質《たち》の私にだけ、会えた時にするのだろう（と思いたい）。

富士山の撮影に夢中になった時期があった。

〝富士は甲斐（山梨）で見るより駿河（静岡）が良い〟などという戯《ざ》れ唄もあるが、美しい。

富士山を他の山から、峠から、野原・茶畑から、それこそ多様な場所からの富士を撮りまくった。冠雪の富士、赤富士、薄墨のように滲む影富士……、富士山の魅力は尽きない。

河口湖を見下ろす三ツ峠にたびたび登山をした。そこにはＮＨＫの定点カメラがあり、ニュースの背景になっている。ときには、正月風景の一場面に我々も報道されたこともあった。

峠には仲のよい夫婦が経営する山小屋「四季楽園」がある。なかなか立地もよく、小屋の前からの富士山は雄大で絶景である。富士山を愛する写真家たちでいつも賑わっている。早朝と夕方の富士山を撮るためである。その中に、富士山の写真家として著名な松下好璋氏がいた。

ＮＨＫの富士山特集などでも紹介される優れた写真家であるが、驕ることもなく優しい人で、美しい写真をたくさん見せていただいた。

初めて四季楽園に行った時、山小屋の外でペンキを塗っていた人だった。その時は、ペンキ屋さんが出張して来ているのかと思ってしまったが、それほどこの小屋に馴染んで写真を撮り続けていたのだろうと、今さらのように思う。

私が山小屋に出向くと、必ずといっていいほどお会いし、そのたびに優しく手取り足取りで撮影の技術を教わり、時には撮影場所まで案内していただいた。

松下先生を囲んでの富士山撮影会が公募されることもあり、四季楽園に多くの愛好家が集まる中、私たちはタダで先生に教えていただけたのだから、まことに好運であり、ありがたい出会いであった。

この四季楽園には、特別大きな白い犬がいた。ピレニアン・マウンテンドッグ、オスのジャックである。私は犬に好かれるので、ジャックも大変慣れていた。いつも山小屋に入る前に、そーっと近づくと、大きな顔で笑ってくれる。それも毎回、毎回である。毎回といっても、年に数回の登山だから久しぶりという意味で笑うのかもしれない。

そのことを主人たちに言っても、「犬が笑うなんて」と、まるで信用しない。

ここはひとつ、獣医として証拠を見せなくてはならない。

ある時、ジャックに見つからないように山小屋を訪れ、主人たちと連れ立って、あらためてジャックのところへ行った。ジャックは自分の小屋の横の白樺の根元で寝そべっていたが、私が「ジャック！」と呼ぶと、ムクッと顔を上げて振り向き、満面の笑みを見せてくれた。

「本当に犬が笑ったよ！」と驚くと同時に、皆いっせいに大笑いした。私の話が本当だったと、獣医の面目が立った瞬間だった。

犬が笑う、そんな仕種《しぐさ》を見ると人間もつい笑ってしまう。だが、そんな時、人間が犬に笑われているという事でもあるだろう。人間は考える必要がある。

犬は知能があり、我々が思うより利口だ。

私が付き合った犬の中でも、ジャックは想い出に残る犬である。

問題のある飼主に飼われた犬は困ってしまう。

飼主の言う命令が理解できないのである。突然、関係のない事など言われるからだ。

子供の頃、「叱られて　叱られて　あの子は町まで　お使いに……」という歌をよく聞いた。何か子供がかわいそうで、私は好きになれない歌だった。

犬だって、理由もなく叱られるのは嫌に決まっている。犬も知能があるのだから、理屈に合わなければ怒る。

知能とは、何か問題が起きた時にどうするか、過去の経験を考えて生得的な本能ではない方法で処理することである。

それは仔犬の時からの育てられ方、経験によって発達する。つまり、飼主の能力による。

飼主と犬との相性もあるだろう。

犬も叱られる理由を知っている。何も悪い事をしていないのに、飼主の気分で叱られれば怒る。言葉は正しくはっきりと伝えなければならない。

犬に餌を与えるときに『ヨテ！』と言ってみよう。犬は「マテ」でもなし、「ヨシ」でもないので困惑して、何を言ってるんだよ、と飼主の顔を見るのである。だから、犬に接するには、言語は明瞭でなければ命令は伝わらないのだ。

問題のある飼主に飼われる犬は困ってしまう所以《ゆえん》である。

留守番をしている時などに、ゴミ箱などひっくり返して悪戯をしていて、飼主が帰ってきた時の犬の態度は滑稽である。嬉しいような怖いような、複雑な顔つきになる。自分が悪戯をしたことが解るからだ。

犬にも自尊心がある。

飼主の会話の中で、自分に対して「良い事」だと気づくと嬉しそうにするが、バカとか駄目なヤツとか話すと、不思議に気づいて隠れる。人間の細かい言葉の機微を察するようだ。

人間は犬に嘘をついてはいけない。

犬は怒っている。

コンパニオン・アニマルなどという造語があるが、人間が犬に対する態度はどうだろうか？　アニマル・セラピーなどと言って犬を煽《おだ》てておきながら、不要犬だとか飼主がいないと殺処分される多数の犬猫がある。犬では、年間の処分数が一四万頭は下らないだろう。殺処分される犬の中から立派な介護犬が生まれている。

人間の都合で犬がもてあそばれている。

昭和四二（一九六七）年頃、〝東京畜犬〟という会社が、利殖のために犬を飼育し売買したことがあった。犬で儲かると、全国的に犬が買い求められた。

出資法の隠れ蓑として犬が使われていたのだ。「生まれた仔犬を高く買います」というのが謳い文句だった。つまり、銀行の利息よりも高利だと、宣伝も派手で、欲の深い人は、犬よりも金利に騙されて犬を買い求めた。

当時、私が開業して間もない頃だった。

専属の獣医もいたが、その関係の犬もたくさん診察に来ていた。

その中に痒がる犬がたくさんいた。それは疥癬《かいせん》に罹患した犬たちだった。犬は薬浴《やくよく》で治療すればすぐ治るが、疥癬は人間にも感染し、飼主もひどく痒くなる。

江戸時代は人間の疥癬も多く、「日本人は皮膚病が多く、刺青をしている人も多い」と、当時来日した欧米人が記録を残している。

〝東京畜犬〟の犬から人に感染したものの、当時（昭和四二年頃）はあまり人間の疥癬は多くなく、そのため皮膚科では見落とされていたフシがある。

知り合いの人がみえて、医者の診察を受けているのだが一向に痒みが治まらず困っている、と相談を受けた。どこの医者にかかっているのかと訊ねると、面識のある先生だった。その先生に連絡し、こういう方が受診されていると思いますが、と内緒で話した。

ひどく痒がっているようですが、と話すと、その痒みは抗ヒスタミン剤や副腎皮質ホルモン剤でも効かず、困っているとの話であった。

当時、そんな昔の病気に思い至らなかったのも仕方がない。先生に、今流行している犬の疥癬が感染していると思われるので、オイラックスが効果があると思います、と伝えた。他の人の秘密の話だが、飼主を洗うわけにはいかないので、オイラックスを渡して完治された。「獣医さんに治してもらって、私は犬並みね」と笑った飼主もいた。

もう一話。

ある時、夫婦連れで来院があった。奥さんの顔は知っている方で、犬を診察すると疥癬だった。「家族の方は痒くなっていませんか」と訊ねると、「ぜんぜん誰も痒くありません」

……しかし、後で分かったのだが、一緒に来院されたのは夫ではなく、隣のご主人に車で送ってもらって来たため、嘘をついたのだった。

親切な隣の人に感染しなければいいが、と祈った。


また真菌症も流行っていた。

これも人畜共通感染症で、当然、人間にも感染する。シラクモと言われた皮膚病である。女の子が感染したので、局部の写真を参考に撮らせてもらおうと思ったが、恥かしがって断られてしまった。

一九七四年頃のことであるが、今はあまりない犬の怖ろしい伝染病、ジステンパーが流行していた。伝染力も強く致死的になる。高額で買い入れた犬であれば言わずもがな、もし死んでしまったら元も子もなくなってしまう。なにしろ預金した金も同然だから、飼主は犬への愛情というより、まさに真剣だった。

その病気が原因である証明はないが、脳炎の後遺症か自分の手足尾を噛んで血だらけになり、尾が短くなる症状があった。自虐症と呼ばれていた。

手足尾を噛まないようにポリバケツに丸い穴をあけて犬の首にはめていた。そのつど作るのも大変なので、テーブルなどに敷く厚いビニールをドーナツ型に丸く切り、犬の首に付けることにした。

とても便利なので獣医医療機器会社の東京メニックスに作らせた。獣医師会の仲間にも配布した。イギリス王国を思い出し、エリザベスカラーと命名した。


四二年過ぎて思うことは、「イソカラー」と名付けて実用新案でも取っておけばよかったと悔やんでいる。

その後、大して売れない品物（膿胸カテーテル、カテーテル導入穿刺器、給餌・給薬用マスク）の実用新案は取った。


〝東京畜犬〟の犬を治療するのは、本心を言えば嫌だった。

ある時、顧客の愛犬家が訪ねてきた。用件は、犬が迷い込んで来たのでどうしたものか、という相談であった。

「飼主が探していれば保健所か警察に届けがあるでしょうから、飼主にお渡しすればいいでしょう。もし飼主が見つからなければ、可愛い犬なので飼って上げられればいいですね……」

プードル犬で少しおどおどしているが、おとなしい犬だということなので、私はそのように話した。

数日後、飼主が見つかったと報告に見えた。「飼主は喜んだでしょう」と言うと、「ところが、飼主は大喜びでしたが、その飼主の声を聞いた途端、犬はベッドの下へ隠れて出てこないのです」と話すではないか。

普通の犬ならそのような時、尾を振り飛び跳ねて、その喜びようは大変なものだ。件《くだん》のプードルは、〝東京畜犬〟から買って飼われた犬で、愛情というより利殖が先に立った飼い方をしていたようである。

犬は人間の態度で、犬が好きなのか嫌いなのか敏感に気づく。このプードルも飼主の気持ちに気づき、家出をしたのかもしれない。仔犬をたくさん産まされ、その子たちを金利として引き取られていき、自分が仔犬を産めなくなった時、どんな老後が待っているのだろう、と考えて……。

犬も怒っている。

犬にも飼われ方に文句を言いたくなる時がある。吾輩は犬である、犬語の解る人に聞いてもらった。

「犬から見て、困った飼主はどんな人でしょう?」

「まず飼主の性格です。穏やかな人、短気な人、陽気な人、鬱な人、おっちょこちょいな人、冷静な人、清潔な人、だらしのない人、いろいろな人がいますが、中でも困るのはお天気屋ですね。何を考えているのか分からないので予想できず、怖いですね」

変な飼主に飼われた利口な犬は困るのである。

自分の犬だけが可愛く、他の犬は大嫌いという人もいる。

人は、愛したいと思う気持ちと愛されたいという気持ちがある。愛する対象が自分の犬だけという人は、人間関係もうまくいっていない可能性がある。また、その犬のことで諍《いさか》いになりやすい。犬を飼っている意味がない。

良い飼主には、犬を介して犬友達もできる。犬だけの関係なので爽やかだ。

犬にも性格がある。陽気で朗らかな犬、臆病で懐《なつ》きづらい犬、等々。それを理解して訓練(教育)する。そして穏やかに犬に接することが飼主に求められる資質である。

犬を笑わせても怒らせない飼主であって欲しいとお願いしたい。

## ◉——夫婦喧嘩を犬が考える

犬には理性もあれば知恵もある。考え事もする。

夫婦喧嘩は犬も食わぬというが、そんな事はない。食べて心を痛めている犬がいる。

それを食べて嘔吐をしたり、下痢をしたり、食欲不振になるのである。ヘタをするとひどい病気にもなる。

犬にも心があり、悲しみもあり、怒りもあり、労《いたわ》りもある。

夫婦がケンカすると犬は困るのである。

他人であれば吠えて威嚇し咬みついて家族を助けようとする。しかし家族がケンカするとどちらに味方をしていいのか解らず困るのである。

ケンカの原因はいろいろあるだろう。深刻な事もあれば、ささいな原因の事もある。

「あなたは後始末が悪い」と妻が夫を叱る。

「そんな事どうでもいいじゃないか」と夫が怒る。

そんな状態を見て、止めろ止めろと吠える犬もいる。あきれてすみに隠れる犬もいる。

「ねえー、ポチの元気がないから動物病院へ行ってくるからね」

「俺も気分が悪いから医者に行ってくる」

「あんたは元気でしょう。夕べだって酒を飲んでいたでしょう。何で行くのよー。ポチの方が大事でしょう。酒など飲まずに静かにしていたらいいでしょう」

犬も俺の事でケンカになったのでは申しわけないと尾を下げて頭を垂れている。


若い頃は夫と呼ばれ妻と呼び、その関係は安定していた。

だんだんと年季を重ねると亭主などと呼ばれ、女房に使われるのである。

犬も毎日餌を与えられているとだんだんと慣らされ、飼主に媚びる眼付きになってくる。

それに似て亭主も弱々しくなってくる。餌をあげる前におすわり、お手などと命令される関係と同じようになる。

妻から女房になると、立たせるのも横に動かすのもむずかしくなる。

年季の入った夫婦の好ましい姿なのでしょう。逆らってはいけません。揉《も》め事に発展しますから。

なるべく優しくされて、休息をとらせてもらい体力を維持する。

明治時代に初めて平均寿命の統計が発表された。男が四二歳、女が四五歳だった。

それ以来ずーっと、女は男より長生きだ。その差はひろがるばかりである。

若い頃は妻に「出て行けー」などとどなる事もできたが、「あなたが出ていったらいいでしょう」と言われるようになる。

気晴らしにそっと外に出て一杯飲み屋に行ってくる。酔った勢いで「おーい、帰ったぞー」と言えば、「帰って来なければいいでしょう」と言われ、ひとり静かに二階に上るのである。

こういう時に犬がいると尾を振ってくれて気持ちが和むものである。

「お前はえらいねー、俺の気持ちが解るなー」などと言って頭を撫でてやる。

夫婦喧嘩のタネのなかでは、夫の帰宅が遅いというのが多い。

夫のほうには遅くなった理由がちゃんとあるのだが、それでも許してくれない。

仕事のこともあるだろうし友達との付き合いもあるだろう。遅くなるとの連絡もないからいらいらして待っている。

寝てしまえばいいのだ。何時になったら寝てしまうと約束していればいいのだ。

夫が疲れて帰ってきた時、「こんな遅くまで何してたのよー」と叱られたのでは可哀想である。

現役中は部下がいるかもしれないが、定年になればだれもいない。家では亭主は粗大ゴミと呼ばれて居場所がない。


愛犬を連れてよく来る高齢者夫婦がいる。

これがまた、今までの話と違ってすごい亭主関白である。

診察中も他の会話でも支払いの時もその亭主関白ぶりはすごいものだ。

奥さんにいろいろと指図をしたり、とにかく威張っているのである。

「お父さん、何をそんなに威張っているのですか。人前でこんなに威張っているのでは家ではどうですか。毎日、奥さんに世話になっているのに駄目じゃないですか。毎日三回くらいはありがとうと言った方がいいですよ」

この夫婦には来るたびに、おもしろおかしく「ありがとうと言ってますか」とたずねる。

お父さんはただ笑う時もあり、「はいはい」と言う時もある。

この夫婦に会えたのも犬のおかげである。

二人が犬を可愛がり、犬も二人の良き絆になっているのが分かる。犬にも分がある。この家庭では犬も割り当てられた地位があって、養ってもらってばかりではなく働いているのである。

二年も過ぎた頃だろうか。

その奥さんがいきなり「あなたは名医ですよ」と、笑いながら話してくれた。

愛犬のひどい下痢が安い費用で二日で治ったからだと思った。

いやいや、別の話であった。

「名医というのは犬の事でなく、うちのおじいちゃんが優しくなりましてね。親切にしてくれるし、毎日が安心ですよ。うちのおじいちゃんももっと早く獣医さんに診てもらったら良かったのにねー」

そう話されたので、皆で大笑いをした。

たしかにもの言わぬ動物を診ている獣医は飼主を見る事が大切である。

動物の症状を観察し説明を聞いて、動物の前に飼主という人間を診察するのが獣医の仕事である。
人間よりも周囲を気にする理性的な犬もいる。
犬にも劣る、がさつな人間もいる。
そして私は動物の気持ちの解る獣医になろう。

## ⦿——うちの花子ちゃん

「お母さん、花子のお腹が大きくなったみたい。病気じゃないのかな」

「ごはんはよく食べるし、元気だから、肥ったんじゃない」

花子は三歳の雑種犬だ。

飼主家族は小学生二人と両親と犬一匹だ。

子供たちは犬と仲良くし、三人兄弟のように暮らしている。

親から面倒ばかりみて貰っている子供だが、子供にも自分たちが面倒をみる花子がいる。

自分たちも必要とされていると考えている。

「花子は妹だからな」

「ちゃんと面倒をみないと可愛想だよね」

いい子供たちだ。

お母さんは花子を連れて動物病院で診察を受けた。

その結果は妊娠であった。

「みんなね、花子に赤ちゃんが生まれるよ。あと、半月くらいしたらね」

「バンザーイ！　お母さん、今年のいちばん楽しいニュースだね」

犬は夜にお産することが多い。

獣医さんのアドバイスを受けてお産に備えることにした。

今日、花子は食欲がない。

今晩、生まれるだろうと、ダンボール箱にバスタオルを用意した。

「さあ、今晩、赤ちゃんが生まれるから、みんなで花子を励ますんだよ」

家族全員が集まり、花子を見守ることにした。

前肢で穴を掘る動作をくりかえす。

陣痛が始まった。

花子が、うーッと唸って息《いき》むと、羊膜と羊水に包まれて仔犬が出てきた。

子供たちは初めて見るお産の情景に驚くばかりである。

母犬は羊膜を破り臍の緒を切り、仔犬の体を頻《しき》りに舐めている。

羊水で濡れた体を乾かすためである。

哺乳類の母親は子をお腹に抱えてよく舐める。母親の深い愛情に包まれて、犬は犬になる所以《ゆえん》である。

四匹の仔犬が生まれた。耳も眼もまだ開いていない、寸詰まりの顔だ。乳を吸うときに息苦しくならないためである。

子供たちは花子の仕種《しぐさ》をもらさず真剣に見ている。

「犬のお母さんってえらいなー。仔犬も自分でオッパイを探して飲んでいる。お母さんも静かに横になっている……」

「おしめもないのに、お母さんが舐めてきれいにしているね。おどろきだね」

「いつ眼が開くのかなー。早く大きくなーれッ」

子供たちは、花子の子育てと大きくなっていく仔犬の成長を見ると、生命のすごさを感じているらしい。

「お姉ちゃん、仔犬の眼が開いているよ。見えるのかなー」

仔犬の眼は一〇日ぐらいで開く。

「見えているみたいだね。可愛くなったね。お母さんのオッパイだけでどんどん大きくなって、すごいねッ。みんなに名前をつけて、体重を量ってみようか」
「どんどん大きくなっていくね。こうやって生まれて、お母さんに可愛がってもらって、オッパイを飲んで大きくなるんだ。ぼくたちもこうして大きくなったんだね。お母さんありがとう」

花子のお産を見ることによって、自分の生命を考える機会になった。

この家庭は犬を飼うことから何を学んだのだろうか――生命の誕生から老いて死ぬことを学んだのだ。

最近、ペットブームと言われ、犬を飼う人も多い。

犬を飼いたいと思う目的は何であろうか。その背景にあるものは何であろうか。

人間関係の希薄化や精神的な孤独から逃れるために犬を飼うことはないのだろうか。

花子の家庭と違い、人間関係がうまくとれない飼主だと当然トラブルも起きやすい。動物を飼うことが新たな問題となる。

動物の中で、尾を振り、「あなたが好きですよ」と意思表示する動物は犬だけだろう。

人間は犬が持っている能力を理性を持って理解し、犬に頼りすぎてはいけないと思う。

# 動物を通して「死」を考える

## ◉——悲しみに向き合う

人は悲しみに出遭うときが必ずある。悲しみをどう処理するか。それは悲しみに向き合うしかない。

愛するものを失う。親であったり配偶者であったり子供であったら、その悲しみは大変である。

愛犬の死は悲しみを乗り超えるには良い教材である。悲しみとどう向き合うか。愛犬の死について考えてみよう。

小学生の頃に犬を飼い始めると、大学生になった頃、老いていく犬の姿を見て愛するものを失う悲しみを経験する。愛犬の死がなければ悲しみは経験できない。

動物を飼うと死ぬから嫌だという人がいる。いやいや、それは違うと思う。死ぬからいいのだ。悲しみを経験するからである。悲しみと向き合うことで人間は成長する。悲しみを経験することで労《いたわ》りの心が育つ。

犬は可愛いものである。尾を振り体中で喜びを表す。他にこんな動物はいない。犬は心の奥まで入り込んでくる。

悲しみは、楽しい事を考えて忘れようとしてはいけない。悲しい悲しいと泣いたほうがいい。私も愛犬「ムク」と「エリ」が死んだ時には毎晩、泣いていた。

悲しい時は「悲しい」と声を出したほうがいい。隠そうとしてもまた出てくる。

悲しみから逃げない、悲しみを受けとめる。それが生きる力になるはずだ。

愛犬が死ぬ。悲しみを教えてくれるために死ぬ。

死んだ生命を大切にしてほしい。

「偲ぶ」という言葉がある。亡き人、犬、猫を偲ぶ。この時の心はすごく穏やかだ。亡きものが与えてくれた心の鎮静剤である。

「慈悲」という言葉もある。「慈」は情け深い、喜びとか感謝の気持ちとか前向きであるが、「悲」は暗い。地獄の向う、嘆いたり迷ったり、あまりいい方向ではない。

「偲ぶ」という時間を作れば、悲しみもまた前向きの人生になる。

酒でも飲んで亡き人の事を談笑すれば、当時に戻ることができる。悲しみに楽しく向き合う。

忘れる悲しみと忘れない悲しみ。

恨みは全て忘れる。忘れないと当時の自分に戻ってしまうからだ。

悲しみを共感共悲してくれるのはありがたいが、自分の悲しみは変わらないだろう。

子供の悲しみを代わってあげたいと思っても、親でも無理というものだ。

あまり悲しいと涙もでない。

しかし、十分に悲しめば、もう悲しみは出てこない。

## ◉——医療倫理と尊厳死

誰でも思う。いやだなぁー、でも長生きしたいからなぁ……と病院に行く。医療の主人公は患者・患畜である。誤解してはいけない。医師ではない。病院へは仕方なく行くところである。心の優しい良い先生に診てもらいたいと思う。

寿司屋では好きなネタを選んで食べられるが、病院の治療については〝お任せ〟である。料理屋などでお任せなど頼むと、何が出てくるか分からず値段も心配になる。

医療を受けることは生活の負担である。まして、入院となれば大変だ。金はかかるし、仕事はできないし、社会生活からは隔離されるし、会う人といえば医師と看護師だけで、大袈裟に言えば幽閉である。

医療は、患者（患畜）になるべく一般の生活で過ごさせ、経済的・時間的にも、さらに肉体的にも負担をかけさせない努力をすべき余地があるのではないかと思う。

同じ手術をしているのに、入院期間はまちまちである。それぞれケースが違うと言われればそれまでであるが……。なるべく短い期間で済ませ、早く社会復帰させようと努力している医師もいる。

一九九八年の話であるが、鼠蹊《そけい》ヘルニアの手術の場合、入院五日で一八万円、日帰り手術だと九万円で済んでいる。

犬の不妊手術でも、大きさが同じで低い料金であれば三万円、高ければ八万円と差がある。無駄を省いて簡素にするには患者・患畜、飼主の理解が不可欠だ。

それには患者・患畜の疑問や不安にきちんと応えなければならない。今の病院・動物病院には、医療はサービス業だという自覚がないのではないかと思う。また、患者・患畜の心身や経済的負担の軽減への努力も希薄なのではないか。

家庭で日常生活を過ごしていた人が入院させられると、精神が病人になっていく。犬だって入院室という「檻」に入れられれば、精神的ストレスによる食欲不振も起きる。家に居るのと「檻」に収容されるのと、どちらがストレスが多いか、犬に聞いてみるがいい。同じ食物を同じ量食べても、ストレスの負荷の如何《いかん》によって、身になるかならないかは雲泥の差である。そしてさらに、自然の回復力も低下する。

医療の経済活動は、買い物をするのとは違い、された事（医療行為）に対する他との比較が難しい。高価なトマトを買ってみたが、味は一山幾らの物と同じだったと気づくようなわけにはいかない。

医療費の削減は国を豊かにし、医療の恩恵を受けられる人も増すだろう。動物病院では、入院させるかさせないかの判断も不確実だ。ましてや施療者の増収のためとなれば論外である。患者・患畜に無駄なことをさせていないだろうかと、心配になる。

そして昨今、こんな言葉が流行ってきた。

「インフォームド・コンセント」――自分の病気の診断や治療について、十分な説明を受け、納得同意することを意味する。

医師に〝お任せ〟ではなく、メニューの説明を受け選択する「インフォームド・チョイス」なる言葉も生まれた。医療の主人公が患者（患畜）なのだから当然だろう。だからといって、患者・患畜の病気について、医学の専門書のとおりに説明すれば事が済むといえるか？

ＱＯＬ（Quality of Life）という言葉も輸入された。進歩した医療で生かしておくという感じの言葉になっているが、本当の意味は「人生の質」を高めるということだろう。

医療は患者・患畜に対して行われるが、家族もまた深くかかわっている。家族の協力が必要だからだ。患者の不安、医師・看護師に対する不満、とりわけ死に対する不安を聞いてあげられるのが家族である。親しい家族に話すことによって患者は、私の話を聞いてくれた、心配してくれているんだ、私の心配事を共有してくれる人がいるんだ、私は独りではないのだ、と心が和む。家族の力は必要かつ強い味方なのだ。

医療は患者・患畜・飼主と家族、そして医師との連携である。バイオエシックス（生命倫理）なる学問も生まれた。医療に倫理学の考えが必要になった。プラトンは、「病人は病気ゆえに医師と友になる」と述べている。その関係を〝治療技術愛〟と呼んでいる。医師と患者には診断と治療以前に〝友愛〟が基になければならぬとも述べている。

患者・患畜・飼主と医師との間に〝友愛〟が存在して、インフォームド・コンセントは成立する。

〝医聖〟〈ヒポクラテスの宣誓〉なるものがある。

「私は、自分の力の限り病人を助けるために治療に当たります。また、病人にとって有害無益なことは決してしてしまません」（『ヒポクラテスの西洋医学序説』常石敬一・訳、小学館）

ヨーロッパ、米国などの国では、医療免許を授与される時に宣誓をするのだと、米国の医師から聞いたことがある。

ヒポクラテスには、二一世紀以上経ても色褪せない論述がある。

「医者はその本務をつくすだけでなく、患者、看護人、それに環境を味方につけることが必要だ」「助けよ、そして少なくとも傷つけるな。医術は病気、患者、それに医者の三つの要素からなっている。医者は医術の召使いだ。患者は医者と協力して病気と闘わなければならない」（前掲書）

そして、

「自分の病気がどうやって起きたのか原因は何なのか、そして病気の悪化あるいは回復の理由を自分の力で知ることは一般の人には難しい。しかし、それらのことが発見ずみで、ほかの人が説明してくれれば、その理解は容易だ」（前掲書）

と戒め、医師は、説明を理解してもらい、納得させる専門家でなくてはならないと、今のインフォームド・コンセントを述べている。

医師は、一般の人に解る言い方（説明）をしなくてはいけない（46ページ参照）。

ヒポクラテスの時代から二一世紀が過ぎたというのに、私たちはスモン病、薬害エイズ、肝炎等々、数え切れない事例を経験している。紀元前に提起された問題がいまだに続いており、患者と医師の基本的な関係の妙案を模索している。

医療機器と技術の進歩は、末期患者の比率を上げた。医学の進歩にかかわらず避けがたい死もある。それが延命術により植物状態になる。医療機器のおかげで、ただ生かされている。回復の見込みはない。本人の意思に反して延命される。

その人に人権はあるのか……尊厳を傷つけていないのか。

尊厳死＝消極的な安楽死と、いわゆる「安楽死」があるが、一九九三年、オランダ上院で「死体の埋葬に関する法律」で安楽死に関する世界で初めての法律ができた。この法律では、〝一定の条件を満たしたら〟となっているが、年間二〇〇〇人の人が安楽死で亡くなり、年間死亡者数の一・八％になっている。

命を延ばすだけの医療行為が必要なのか。

本人の意思が分からぬまま生かされるのが人の尊厳になるのか疑問である。ただ死の先送りで生かされるための治療はごめんである、と生前に書いておくべきである。

「脳死」なる言葉も生まれた。

「脳死は人の死」と皆が納得しているわけではないが、死の定義が変えられつつある。

移植臓器の提供を多くし、良好な状態の臓器を欲しがっている。積極的に考える医師は、「移植をすれば助かる患者がいる」と話す。移植医は医療技術者（エンジニア）ではなく〝チェンジニア〟になったのか？


他人の死に期待する脳死医療は、通常の医療になり得るか。欲と金に影響されないか。他人の臓器など当てにしないで、自分の運命だと容認することはできないか……。

人々は重傷患者のために献血することを忘れ、輸血を受けることばかり考えていないだろうか。献血は他人を思いやる一部のやさしい人に頼っている。献血をしたこともない人が献血を待ってる矛盾。医学ほど人間の心と体の矛盾が葛藤する分野はない。

死生観、尊厳死、脳死などに対する考えを、宗教に求めることができるかもしれない。だが、特定の宗教に属さなくても、自分の死生観を持てるはずだ。

医師は患者の人としての尊厳を貴び、残された遺族へ労《いたわ》りの言葉をかけてほしい。

「死は人生の終末ではない。生涯の完成である」（ルター）

## ⊙——犬から学ぶ尊厳死

食事中に、散歩中に、突然死んだ犬たち。その死に様もいろいろだ。

長い苦痛の果てから解放されて、これで楽になったと「ホッ」とする死もある。


ポチは生後六〇日でもらわれて来た。ポチと共に笑顔と会話もやって来た。

ポチは小さい。ふわりとした体で家中に愛想を振りまいた。ポチの触感と動作は、家族に安らぎと満足を与えた。

ポチは食事と眠っているとき以外は、家族のために時間を費やしている。犬とはそんな動物だ。

犬がいるだけで気が休まる〝とき〟がある。

だが、犬にもストレスがある。

ポチは家族が留守のとき、すごい悪戯をした。ゴミ箱をひっくり返し、テーブルに乗り、ご主人の椅子に座り満足そう。

そんなとき、家族が帰ってきたときのポチの態度はどうであろう。

全身で喜びを表すことができず、上目づかいに腹這って、耳を後ろに折っている。申しわけないことをしたと……。

いつものように素直に尾を振らない。人間が想像する以上に周りに気を使う知性がある。

ポチは頭がいいのである。


犬は飼主に似るという。

夫婦喧嘩で会話がないときに、「ポチ、お前は偉いなぁー」などと言って気を落ち着かせる。「お前もお母さんに何か言ってあげろよ」などと言って会話が始まる。

随分とポチの世話をしているつもりでいたが、むしろ世話になっているのだ。

ポチの散歩をしているのではなく、ポチに散歩をしてもらっているのである。

犬の一日は、人間の五日ぐらいに当るという。だが、生後一年で成犬になる。

ポチも歳をとってきた。いずれ訪れる避けがたい死を、どのように受け止めるのか。

死に方だって幸、不幸があるだろう。

自分がそうありたいように、自分の愛するものは楽に幸福に死んでもらいたい。たとえ治療をしなければ早く死んだとしても、人生（犬生）の望んでいることを治療によって妨害してはならない。

ポチも認知障害で世話が大変だった。だが、嫁いだ娘が帰ってきた時には必ず玄関に迎えに出た。いつもボケているのに、不思議な精神力だった。

ポチは何もわかっていないのだと勝手に思っていたが、〝何か〟あるのだ。それが生命の尊厳か――。

もう、いつ死んでもおかしくない状態の犬の気持ちを理解せず、自分は愛している、と勝手に思う。

やるべき事はやりましょう、と言って売り上げを考える病院に入院させる。犬の〈心〉は不在で死んでいく。

生きるとは何か、自問自答の死生観を、目の前の犬に学ぶときだ。

長老は「本来、動物は死ぬときに自分の死体を見せぬものだ」と語る。その時、動物は死期を感じ、自ら姿を消すことが出来た。だが、今は出来ない。管理され過ぎ、動物の権利さえ奪われている。

昔の猫は死体を見せないでいなくなってしまった。何処《どこ》かに隠れて飼主に迷惑をかけずに死んでしまったのだろう。象には墓場があるなどという話もある。象牙ハンターの経験からの話だろう。

象は知能が高いから、死期を感じて群から離れてそこへ向うという。このように野生動物のなかには、自分の死を予知して群を離れるものもあると動物行動学者はいう。体力が無くなり群の行動に付いていけなくなるのではなく、自分から離れる。

人間にも本能的な予知能力があったのではないかと思われるが、現代人は近代医療の進歩で感が失われた。

人間も天命があって終りは決まっているのかもしれない。老衰、病死、事故など一秒の差で生死を分ける。全て天命である。

管理されすぎている犬・猫も簡単に死なせてもらえなくなった。飼主の気持ちは善意だが、自分を満足させるだけではないのか。

高度医療と称する行為で、生命を永らえさせるのが本人のため、周りの人のためになっているのか。

楽しい未来はやってこない。ただ、苦しみだけのために明日がある……。

そのような状態の犬でも生きていてほしいと思う飼主もいる。


人間は追いつめられて、逃げ場を失って、死んではいけない。

この世に満足し、思い残すことはない、ありがとう、という死もあるだろう。許される生命の閉じ方もあると思う。

尊厳死という難しい命題を動物によって考え、そして、自分の問題として考え直していく。動物病院とはそんな場所なのだ。

犬たちの最後の時間は、人間の時間ではなく、
犬の時間で終わらせてあげたい。

## ⦿――動物の死から学ぶもの

動物の死から学ぶものは何か、という文章は医者には書けないだろう。

私は「動物の死は何を教えてくれるか」と文章を書いて飼主に渡している。獣医師会雑誌にも投稿した。

動物と仲良く共存できる社会は人間社会もゆるやかで生きやすいはずである。

野良猫が居たっていいじゃないか。ネズミが増えたらもっと大変だ。

自分の家の庭に来るスズメに餌をやっていたら、市役所から餌をやるなと叱られた。隣の人が苦情を言って来たと。こんな苦情を言った人をたしなめないで連絡してくる市役所もおかしいが、こんな人間ばかりが増えたらまともな人間関係は成りたたない。また、犬や猫と付き合った方が精神的にはいいだろう。

野良猫のためにお金を使う人がいる。

小学生が風邪の仔猫を拾って来る時がある。そのやさしさに治療費はいらないよと言ってあげる。やさしくない獣医が、ばっちり治療費を請求した例を知っている。
自分のためでない事にお金を使う人には頭が下る思いがする。
動物をいじめる人間は、人間もいじめる。動物にやさしい人間は、人間にもやさしい。
動物をいじめる人を許してはいけない。
料理家の小林カツ代さんが言っていた。

動物がきらいということは
タバコがきらいということと
断じてちがいます
タバコにいのちは無いけれど
動物はいのちを持ってます
痛みもあれば、おなかもすく〝いのち〟
「ノラねこにエサをやるな」
「不要犬はどうぞこちらへ」
なんぞと簡単に言ってくださるな

タバコをきらう権利はあっても
いのちを粗末にする権利は
誰にもないのです

（『愛しのチー公へ』（小林カツ代、筑摩書房）より）

やさしい人である。

大阪にＡＲＫ（アニマルレフュージ関西）というたくさんの動物を保護し、里親探しをしているＮＰＯ法人がある。

私も小林さんとそこを訪れたことがある。手術のための滅菌器などいろいろな道具を寄付した。獣医がＡＲＫに行けばすぐ不妊手術ができる態勢作りのためだった。それを小林さんが応援していた。（ＡＲＫ住所　〒５６３－０１３１　大阪府豊能郡能勢町野間大原５９５）

小林さんはテレビコマーシャルに出るのを嫌っていたが、めぐまれない動物に出演料を寄付するために出たのだ。

「動物を愛してこそ、人の魂は完全に目覚めるもの」（アナトール・フランス）

人間は二種類いる。動物を愛せないでただ動物を食べる人と生き物を愛せる人、である。

猫を可愛がり来院してくるやさしい看護師さんがいた。

待合室で、やはりひとりで来る老人とたびたび会い仲良くなっていた。ある時、老人はその看護師さんから彼女が編んだセーターを貰った。自分の娘でもない人から寒いだろうとセーターを貰った、と涙を流さんばかりに喜んでいた。

ある時、その看護師さんが来て、「住所が変わりました」と言って、転居の理由を話してくれた。

アメリカへ転居する画家が、彼女が猫を可愛がっているという噂を聞き、自分の家には猫がたくさん居るのでその猫付きで家を買って欲しい、アメリカは家が日本より安いので猫の世話代として一千万円くらい安く売るからお願いしたいと言ってきて、その家を買ったのだという。

猫を可愛がり、猫から一番すごいお返しをもらった人の話である。もちろん猫の面倒をよくみていた。

私の患猫も増えた。

猫の多数飼育の場合、ウイルス性の風邪のような鼻気管炎がある。野良猫が鼻水と眼ヤニを出して肺炎で死ぬ。野良猫が淘汰される一番の原因である。伝染力が強くこの看護師さんの家で流行したら大変だ。

その時は治療費を安くするしかない。多数飼育の理由《わけ》を知っているからしょうがない。この病気には予防注射がある。病気をされるより予防注射をまとめて安くしてあげる方がましなので、そうしてあげた。

生まれてきた事は死ぬためである。

医学はどのように死なせてあげるかが命題である。無駄な生命はないというが、終末の生命の時間はどうであろうか。

犬が苦しかったり痛かったり、意識を失なわない時にどうするか。延命的な処置をするのが犬のためになるのか。

麻酔は安楽な気持ちで意識と痛みを失う。

延命して病院の利潤を得る事よりも、私は麻酔を強くして終りにしてあげる方が犬のためになると飼主を説得する。犬も恨みはしないだろう。

可愛がっていた飼主の方が「もう私のために生きなくていいよ」と話す。

だが、こんな事もあった。

老爺と老犬が毎日通院してきていた。もうこの老犬には点滴などして延命のために治療する事は無駄であると思った。点滴を止めれば脱水症になり意識は朦朧となり苦しくないのである。

だが飼主も老爺である。老犬だからもう延命しない方がいいなどと言えるわけがない。

老犬の面倒を看《み》る事が飼主の生き甲斐である。

毎日毎日、老爺は犬を抱いて、眠って老犬の点滴を受けていた。治療費は四分の一くらいもらっていた。無駄な治療だからだとタダにして自尊心を傷付け、「バカにするな」と叱られた事があった。

老老介護の動物病院バージョンである。

## ◉——私の提案「高齢者も犬を飼おう」

自分が車椅子に乗るようなおばあちゃんが、車椅子に猫を乗せてきた。その車椅子は誰が使うのですか、と聞いてみた。まさか猫のためにあるわけがないだろう。すると、「お母さんを乗せるのです」と言う。

超高齢社会が到来した。

老人ホームを見れば、生きるのも死ぬのも大変だなー、と思う。

平均寿命が延びても健康寿命でなければならない。

高齢になって飼主が死ぬことを考えると、自分の年齢では動物はもう飼えないと誰でも思うだろう。

だが、犬を飼うことは良い。高齢者が動物を飼育するのは健康のために良いと、いろいろ医学的にも証明されている。

生活にリズムができる。餌をやらねばならない。遊んでやらねばならない。飼主の病気の予後、治癒率が良い。犬と散歩をすれば、一人の時よりも会話も増え笑顔も増える。認知症の予防になる——など、研究結果も出ている。

犬を飼育する費用は、犬のためではなく、自分のためである。関係がないと思うかもしれないが、ボランティアも自分の情熱を満たすためにするようなもので、犬を飼うのも同じようなものだ。

この話には納得する人としない人がいるだろう。

困っている人のためにやっているんだ、飼ってやっているんだ、と思うのは間違いで、させてもらっていると思いたい。

しかし、いざ飼うとなると難しいと思う。

そこで、一匹の犬を三人で一週間ずつ飼うというのはどうだろう。誰にでも慣れる優しい犬もいる。

飼育費も治療費も皆で分ければいい。自分の都合で飼えない時（旅行・入院等）があっても犬はそのまま飼える。

このようにすれば高齢者でも犬を楽しく飼えるだろう。

孫のケンちゃんにこの話をした。すると、

「それは人間の考え方で、じいじは獣医でしょう、犬の立場に立って考えてないからだめだ」

と叱られた。

孫に叱られるようでは、まだ動物を理解していないダメ獣医だなぁ。

## ⦿——動物の死は何を教えてくれたか

自分の死に方を話題にして家族と話すことはほとんどない。これについて調査した結果は、一般の人では三%も話題にしていない、医師・看護師でさえも一〇%しかしていないという。

動物病院では動物の話としてワンクッションあるので、深刻にならずに話題にしやすい。犬・猫が死ぬ時、どのように死なせるか、死に方モデルを考えてみる。

実験動物には疾患モデルの動物種がいろいろいる。糖尿病・高血圧・白内障など人間のかなりの病気の系統が用意されている。

そして動物の死に際《ぎわ》に、自分はどのように死にたいかと思いを馳《は》せる。獣医師は終末医療の役割として、ただの動物の死として終らせるのでなく、この機会に飼主に死について考えさせる。

ある年齢に達したら、死を意識して残りの人生を有意義に生きることを考える。心安らかな終末を迎えるためにも、自分の終末のありようを書き留めておくべきである。人生の最期まで、自分の意思で生きてきた証しとして文章にしておくのだ。

「人生の最終段階における医療の決定プロセスに関するガイドライン」が発表された（平成一九年、厚生労働省策定）。その内容を藤田保健衛生大学の山本紘子名誉教授は次のように要約して紹介している。

①患者が意思表示できる場合は、十分な説明を受け、自分の最終時に希望する医療関係者と話し合い、決定する。
②直接、意思確認ができないが、家族が患者の意思を推定できる時はそれを尊重する。
③家族にも意思が伝えられていない時は、医療従事者と家族が十分に話し合い、慎重に判断して第三者委員会の検討・助言のもとに決定する。

（2015年4月9日付『朝日新聞』「臨床の現場から」）

このガイドラインの危惧している事は、以前、私が『日本獣医師会誌』に書いた「動物の死は何を教えてくれたか」の通りにすれば全て解決する。

その文を要約してみよう。

「たくさんの動物の死を見てきた。

その死に方もいろいろです。食事中に死ぬもの、苦しみながら死ぬもの、寝たまま眼が覚めずに死ぬもの、骨と皮だけになり朽《く》ちるもの、過剰な治療で生かされた末にようやく死ぬもの。人間も同じでしょう。

医学は死ぬ邪魔をしてはいけないのです。動物の医療も獣医師の考えでいろいろあるでしょう。獣医師の考え方をよく聞いて、それを理解し、それに従うのか、自分の考えで納得できるのか、大切なことです。

特に不治の病になった時、どうしてあげる事が患畜のためになるのか。

獣医師のためにでもなく、飼主のためにでもなく、動物の死に方を考えてあげるのが優しい人だと思います。末期医療をどうするかは家族にとっても重大問題です。

獣医師にとっても真剣に考えねばなりません。医療は穏やかな死を邪魔していることが多い。自分はどのような終末を迎えたいのか、動物の死は、考えることを教えてくれたのです。

十分に生きて、死を恐れない。余生を考えず、心安らかな終末をむかえるためにも、『自分の始末』のありようを文章に残しておくことです。人生を最後まで自分の意思で生きたという『証』として書き残すことは必要です。動物は言い残したくてもできません。

人だからこそできるのが、文章という意思を伝える手段です。これが、動物の死が教えてくれた最も貴いものといえるでしょう」

なるほど、こんな考え方もあるのかと心の奥に留めていただければ幸いである。

「末期患者の意思を尊重して」という題の新聞投書を読んだ。死ぬのは、誰のために死ぬのかと思う。

医師側の判断が先行し、尊重されるべき患者側の意思が無視され、悲しんでいた。

その方のお母さんはがん末期である。あと一、二カ月の余命と診断された。

細い腕に点滴の痕《あと》が痛々しい。

夜間は眠らせるために注射が打たれていた。苦しみを長引かせているようでつらかった。

ホスピスに行きたいと医師に伝えたが、まだその時期でないと、退院させてくれないことを嘆いていた。

だが、ようやくホスピスに転院できた。母の表情は穏やかになった。そして死を迎えたが、これが自然の姿なのだと思った。

生命の終わりの時の主人公は誰なのか。誰もがピンピンコロリを望んでいる。自分のことだからである。医師の優しさは残された人への配慮の気持ちである。

遺族の方は嘆いていた。当然な意見だろう。

こうならないためには終末の「自分の始末」の文章を書いておくことだ。家族のためにも必要である。

だが、投書した方は文章があるのに無視されたという。


動物の死に戻るが、医療は命を延ばすことに専念する。当然である。医師はそのような教育を受け倫理観を持つからだ。

医師は延命に尽し、家族は意思の相違で諍《いさか》う。

QOL（Quality of Life）＝「人生の質」という言葉、QOD（Quality of Death）＝「死

に方の質」という言葉も生まれた。

生まれるときは自分が選べる要素は何もない。何人《なにびと》に生まれるか、男か女か、肌の色は、背が高いか低いか、どんな親か、全て天命である。選ぶことはできない。

人間が主人公になる時は、泣いて生まれてきた時と別れの辛さに泣く時、死ぬ時である。

死ぬ時ぐらいは自分らしく最期を取り仕切ってもいいだろう。

## ◉――動物の死に際《ぎわ》に見せる飼主の態度

冷静に死を認める人、動物の死が何歳であろうと寿命であったと諦めて、あなたに会えて嬉しかったと感謝する。

悲しみに堪えてありがとう、と言う。

遺された人が死んだものへ、心配しないでいいよ、と冷静に伝えている。

生まれてくることは究極のところ死ぬためにある。その死を当然の事として自然と考えている。

肉体は消えても飼主の心の中では元気に生きている。生前に与えてくれた楽しみが、心の中に溢れている。

その死が遺された人を強くしている。

悲しみに壊されない強靭な人だ。

その死が無駄でない証左である。

私もそうありたい。

泣いて騒ぐ人もいる。我を忘れて周りの事など関係なく、泣いてわめく人がいる。動物を亡くして可哀想と労《いた》わる気持ちより迷惑気味になる。静かに眼を閉じて弔《とむら》う事ができず、自分だけの悲しみでほかは何にもわからない。

生命は自然である。この分かりきった事が分からない人である。

死んだものの生命を自分のためにある生命と思っているのだろう。嘆き騒ぎ、自分を失っているのだろう。騒いで悲しみをまぎらわし、死んだものへの配慮がない。

これでは死んだものが浮かばれず、可哀想である。死んだものへの慈しむ心が大切ではないか。

だが、こういう人はいるのだ。自分の犬だけが可愛くて他の犬は嫌いだという。愛情の捌《は》け口が自分の愛犬だけに向いている人である。

狭い狭い愛情である。こういう人は生き物を飼わない方がいい。飼犬の事でトラブルになる可能性がある。

苦痛から解放されたと安堵する人もいる。

動物を心から愛していた人は、「もう、私のために頑張らなくていいよ」と言う。生前に十分に可愛がり、もう思い残す事は無いと晴れ晴れとしている。

お互いに、その別れは自然である。

もうこれ以上の生命はいらないと、麻酔死をさせる人もいる。今や超高齢社会の問題が増えている時代で、長生きする意義が変わりつつある。ピンコロ地蔵にお詣りする人も、そう願っているからだろう。

老人ホーム、老人医療に携わっている若い人たちに「長生きしたいですか」と質問をすれば、長生きしたいと思わないと答える人がでてきている。以前は「長生きしたい」と皆が答えた。超高齢社会の中で、生かされている老人が多いからだろう。

胃腸は丈夫で食べられる、あるいはチューブで栄養を与えてもらう。死なせてもらえないのである。

生きている事すら分からず、自分が誰か分からず生きている。いざ老いの現実を見て、自分はどうなるかと思うと、長生きは必ずしも望ましくないと考えるようになった。

死を認めず怒る人もいる。死ぬ事を容認できない人であろう。

家族が死に向かっている時に、医師は十分な医学的な説明をするのは当然であるが、遺される人たちに対して精神的、宗教的な支えの話をすべきだろう。

死を容認させるには、慈しみと悲しみを共有し、死んだものへの愛を説く事である。仕方がなかった、これで良かったと静かに容認してもらう。安らかな死とはそういうものであろう。

そうは言っても亡くなったものを偲ぶ心は大切である。亡くなった犬を偲び、会いたくなる。もちろん、親族であれ友人であれ、会いたくなる。

ところで、嫌な事を忘れるのも知恵の一つだろう。

今の高度医療技術でも避け難い死もある。死んだ個体のせいでなく原因は他にあり、認めたくないと怒る。そして自分を納得させようとする人がいる。

しかし、避け難い死はあるのだ。それを運命というのである。運不運はあるが、運命は決まっていると思う。

諦めるのも人生の知恵だろう。

くよくよしないのも同じであろう。

悲しみを忘れるために、落ち着いてきたらすぐに動物を飼う人もいる。また同じ思いをするのは嫌だと飼わない人もいる。

だが、生きる上で歓びは大切である。可愛いがるだけでも、飼えば生活は潤う。新しい動物を飼って歓びを得る。これも良い知恵である。

死ぬために、死を予約されて生まれたのだから死は当然くる。

その死とどう向き合うか、犬の死をみて学ぶ。ただ死ぬのではなく、自分の考えで死ぬ。黄泉《よみ》の国へ行けばどんなに酒を飲んでも薬を飲む必要もなく、病気を心配することもなく、過去を恨むこともなく、未来を心配することもない。

現世よりも抜群に楽しい所だから、行くのに躊躇はいらない。先に逝った人に会えるのだから喜んで行く。

遠い先のこと、自分には関係ないと思い、死について「死はこわくない」と、自分の事なのに深刻でなくゆっくり考えさせてくれる。

ポチ君、ありがとう。

## ◉——動物の自殺

自殺については多くの研究がある。

高名な自殺学者にエドウィン・シュナイドマン博士がいる。生きることや死ぬことの哲学的考察、文化や社会状況による自殺の変化のあり方、自殺をしない人の性格の分析などがなされている。

また、デュルケームの『自殺論』、三島由紀夫作品のすぐれたロシア語翻訳家のチハルチシヴィリの『自殺の文学史』など、人間の自殺については多くの論文が発表されている。

では動物は自殺をするのか……。

野生動物は人間に捕えられて幽閉されると拒食する。死ぬまで食べない。なにやら断食自殺のようである。

犬はどうであろうか。

犬は仲間の異常に気づいて何かと行動する。仲間に元気がなく蹲《うずくま》っていると傍に寄って臭いを嗅いだり舐めたりして心配する。犬には外耳炎が多いが、その時も心配して相棒の耳をよく舐めてやる。また死んだ仲間の傍を離れず心配そうにしている。

犬には優しさがある。

私は長い臨床経験の中で犬の自殺を見た。

私の病院は街道に面している。狭いが由緒ある街道だから交通量も多い。その犬は病院から西に五〇〇メートルくらい行った所から来る患犬であった。

大した病気もせず予防的なことが多かった。年は一三歳になるヨークシャーテリアで、人間の年齢にすれば六三〜七〇歳くらいである。

以前に私が発表した『加齢と寿命』という論文では、一三歳という年齢は犬の平均寿命である（『獣医畜産新報№７５１』一九八四年）。

その犬は今まで元気で年齢より若く見えた。

「今日は予防注射のお願いではありません、少し前から何か調子が悪いようで……どうなのかと聞かれても困るのですが、少し元気がないのです」

飼主の感ずる「普段と違う」という観察は鋭い。普段と違うという「違い」に獣医は気づかなければならない。これが意外と難しい。

私の客にも自分が胃がんの末期まで気づかなかった医者がいた。早期発見で治る場合もあれば、早期発見でも駄目な場合もある。

私の患畜の飼主の医者は二人とも胃がんで逝ってしまった。また、愛犬家のヨーロッパ放射線学会名誉会員で順天堂大学学長の先生もすい臓がんで亡くなられた。病気とは、そういうものである。

「何か変だと言われるが、見た限りでは喜ぶ仕種はいつもと同じだね。僕には愛想がいいからね」

だが、嬉しがり飛び回って少しすると動きが鈍くなってきた。私は心肺機能に問題があると診断した。

聴診器で心音を聴いたが特に問題は感じなかった。「胸部のレントゲンを撮ってみましょう、結果については明日にでもまた来てください」と話した。

撮影されたフィルムをシャーカステン（レントゲンフィルムを見る器具）で読影した。フィルムの肺内部に大きな二重構造をした陰影が観察され、それは肺炎のような炎症性の病変ではなく、明らかにがん性のもので悪い場所にある。

助手の獣医たちと「手の施しようがないな」と話し合った。呼吸が困難になったら延命は考えものだという結論になった。

人間のがんの告知はどうあるべきかと論議されている。本人には知らせない方がいいとか、本人の性格によって告知はどうするか考えるべきであるとか、いろいろと意見が出ている。

死生観の違い、家族構成、宗教を信じているかいないか、と問題は混沌としている。

私の考えでは本人に知らせ、その事を家族に伝えるかどうすべきかは本人の考えだろうと思う。本人に告知しないということは本末転倒と思うのだが……いろいろな考えがあるのだろう。

次の日、レントゲン撮影をしたヨークシャーテリアが抱かれてやってきた。

「大変なことになっています。がん性のものが肺の根元にありますが手術は不可能です。余命をいかに快適に過ごさせるか考えましょう。苦しさを延ばしてはいけません」

と話した。

飼主は予想もしていなかった結果に愕然としたが、「これも運命でしょう」と冷静に理解してくれた。

「今日まで『この子』には充分楽しませてもらったから、これからの事は先生のアドバイスを頂きながら、残り少ない命を大切にしてあげたいと思います」

私は診察台にこの患犬を乗せ、飼主に診断について細かく説明をした。ヨークシャーテリアも飼主と一緒に聞いていた。

別れの辛さを想像しながら愛犬を抱いて帰る後ろ姿を見送った。

見送ってから三〇分ぐらい過ぎたであろうか、電話が鳴った。さっきの人だった。

「犬が……犬が道路に飛び出して、車に轢かれて死んでしまいました」

皆で唖然とし、沈黙の時が流れた。

このヨークシャーテリアの家は道路に面していて、古い造りなので廊下の障子を開ければすぐ外へ出られる。しかし今までは障子が開いていても、自分から外へ出ることはなかった。それがどうした事であろうか、自分から飛び出して車に当たるとは……まるで自殺みたいだと話した。

遺体を見ると鼻孔より少し出血があったが、外傷はなかった。

「若い先生方の勉強になるのであれば、解剖して調べてもいいですよ」

という飼主のご厚意で解剖することが出来た。

胸部を開けると胸腔に少し出血があり、レントゲンに写っていた陰影は小さい胡桃《くるみ》大の腫瘍で中は中腔で液体が溜まっていた。レントゲンで見た二重構造そのものであった。

胸部に強い圧力が加わり一気に陰圧になった時に腫瘍が破れたのだ。即死であったろう。

これからの病状を考えると、幸せな死に様であったと思う。

犬も自殺をするのかと考えてしまった。

病状の説明を聞いていた飼主の鼓動の変化に気づいたのだろうか。犬の気持ちに気づかなかったのは迂闊《うかつ》だった。日頃、犬の気持ちが解る獣医でありたいと思っていたのに……。

医者は患者からどれだけ多くの事を学ぶことができるか、できないかで良医にもなるし、悪医にもなると思う。

私にとって、決して忘れられない患犬であった。

# 動物あれやこれや

## ⦿——タヌキの親仔

私の仕事は動物病院である。動物の気持ちになって仕事をしているが、よい獣医であるかどうかは動物に聞いてみないと解らない。

病院にはいろいろな飼主がくるが、躾というか訓練が上手でおりこうさんの犬を飼っているK氏がいる。

K氏は設計士で、写真が上手である。

ある時、K氏から東村山市にある北山公園に撮影に行こうと誘われた。公園は川辺にあり菖蒲が有名である。

撮影は早朝か夕方がいいと、朝四時起きで行くことにした。

ようやく明るくなる時であった。池の辺りには網が張ってあり、その前を黒い影が走った。そばに近づいてみると、網に仔タヌキが絡まってぐったりしていた。

網を切り仔タヌキを救出したが衰弱がはげしかった。写真撮影どころではない。

動けないので急いで家に帰り治療することにした。ひどいショック状態であったが点滴などして一〇日間が経過した。

すこぶる元気になった。夕方、保護した所で逃がすことにした。

中空には冴えた月があった。仔タヌキは暗い闇の中に走り去った。元気に暮らせよと祈った。

顧客の看護師が猫を連れてやってきた。今まで彼女の仕事の話をしたことがなかったが、北山公園のそばの林の中の病院に勤務していると話された。

早速、助けた仔タヌキの話をしてみた。

病院の人たちが残り物を裏庭でタヌキに与えていると話された。その中に親仔仲良く四匹の仔連れタヌキがいた。

タヌキは餌を食べに時々現れるが、いつも親が先頭に仔タヌキは後についてやってくる。餌場にくると親は周囲に気を配り、仔タヌキが食べるのを見守っている。

親が先に食べることをしない。親が仔を思う動物の自然な行動なのだろう。

だが、ある時、仔タヌキが一匹足りないのに気づいて皆で心配していたら、また四匹になっていたという。

いなくなった期間といい場所といい、保護した仔タヌキかもしれない。

「仔タヌキは点滴のために前肢の毛をバリカンで刈ってあるから、どうなっているか見てください」と話した。

「わかりました。餌を食べに来た時によく観察してみましょう」

後日、仔タヌキの一匹の前肢の毛が刈られていたと報告に来られた。看護師さんと私は、助けた仔タヌキが親と再会したんだと握手をして喜んだ。

病院の中でも親仔の再会の話に物語を感じ話題になっているという。

闇に消えた仔タヌキは家族と一緒になったことがこれで解った。めでたし、めでたし。

最近の人間の子育てはどうであろうか。いろいろと話題と事件が報道されている。相談など問題になっている事例が五万件に達しているという。

極端な例では、幼児をごみバケツに入れて窒息死させた親がいた。食事を与えない、子供に暴力を加える。その結果、ケガをさせたり、致死的な事件になる。保育を放棄する親も増加している。

親になれない親がいる。

その親はどんな育て方をされてきたのだろうか。父にもならず母にもならず、子が生まれて子を虐待する。

動物には無い事件である。動物の親仔は仲が良い。特に母親の子供に対する態度は慈愛に満ちている。

母親だけのものもあれば両親で育てるものもある。

人間社会には「若いツバメ」などという言葉があるが、渡り鳥であるツバメは遠い海からいつも同じ番《つが》いで帰ってくる。浮気などしないのである。

社会生活をする動物、サル、オオカミなどは母親の役目、父親の役目がある。哺乳は母親の役目、子守りは父親の役目と決まっている。

動物学者がヒマラヤ、インドにいるハヌマンラングールというサルで研究した母親と仔の関係の記録がある。

三世代にわたり、どんな母親に育てられたメスザルはどんな母親になるか──。

やさしい母親に育てられた娘ザルは、やはりやさしい母親になった。自分がされたようにやさしく仔ザルを育てる。粗末に育てられたサルは仔ザルをいじめる母親になっていた。サルの世代交代は短いので観察できた。

人間でもある事だが、不幸な生い立ちの母親は自分が可愛がってもらっていなかったからやさしい母親になるかと思うとならない。自分がされた事と同じように子供にする。不幸な親子の事件は皆このケースである。

早婚である母親から生まれた子も早婚である。そして離婚するケースが多い。

動物（人間）の生活は、大脳に受け継がれた本能的な部分と生活の中で学んだ学習で営まれる。

どのように育てられたかという学習の体験的記憶が大切である。この記憶を教育で変える事ができるかというとむずかしい。

だめな母親に育てられたハヌマンラングールと同じである。だめな父親より母親の影響は重大だ。

動物の子育てはおサルさんのように一生懸命抱く仲間と犬のように舐める仲間に別れる。子供と長く触れる事に夢中である。犬は哺乳している時、トイレに行くのも我慢している。

日本の子育ての習慣の「おんぶ」などはいい。

サル学は日本がニホンザルで研究し世界で一番進歩した。ボスの存在などサル社会の構造について研究され、チンパンジーの社会構造の研究も世界をリードした。

父親も他のオスザルも親離れした仔ザルを可愛がり、よく面倒を見る。悪い事をすると強く叱る。サルがサルとして育つ所以《ゆえん》だろう。

哺乳は母親の役目、父親の役目は母子を守り子供の躾をする、つまりサルの社会性を身につけさせる。サルをサルらしく育てるわけだ。

人間社会では「人を殺すのは誰でもよかった」などと言って多数を殺す事件が発生している。人間の顔をして言葉を喋るが、人間になっていない人間が育っている。

人間社会の子育てがタヌキやサル社会より劣っているのは確かである。動物の育児のやり方を見て、人間も哺乳類だという事を忘れてはならない。

「啐啄《そったく》」という言葉がある。ヒヨコが殻の中で鳴き殻をつつくと母鳥が殻を破いてやる行為をいう。子供を助ける親の愛情だろう。

動物の親仔は子育てが終ると子供につらくあたり独立を促す。それぞれの動物らしくして社会に出す。そして子供は親離れしていく。

恥ずかしい話だが、私など子離れできないバカ親父である。

母と子の絆に道理はいらないと言う人がいるが、必要である。

愛情は親から子に伝わるものである。

動物の子育てを見ると真向《まむ》きである。

人間は哺乳類の本能を喪失しかけているのだろうか。

タヌキの親仔を見ていると、タヌキはりっぱである。タヌキの親仔に負けない人間でありたい。

## ◉——盲導犬と介助犬

電車に乗ったら、すぐそこの通路に盲導犬が横になっていた。飼主はその前に座っていた。盲導犬の一時の休息の時だ。

すぐ傍を人が歩こうが、じーっと眼を閉じて動かずにいる。周りの人間がどんなにざわざわしても人間を信用しているようだ。

人間の子供よりも躾《しつ》けられている。

盲人の眼になり、活動を広く助けている。不満を言うわけでなく、ただひたすらに盲人の道案内をしている。

どの犬も盲導犬になれるわけではない。盲導犬としての何段階もの試験を受けて選ばれる。盲導犬となれるのは全体の三〜四割くらいである。

盲導犬になれなかった犬は別の犬生を過ごす事になる。それを助ける組織がある。

盲導犬になる犬はラブラドール・レトリバーが多く活躍している。他にはゴールデン・

レトリバーがいる。

以前はジャーマン・シェパードがいたが、精悍《せいかん》な目つきで怖い感じがする。ラブラドールは耳がたれて幼い感じがする。仔犬は皆、耳が垂れていて可愛いらしく見える。

町で見かける盲導犬はどのように人間を誘導しているのだろうか。

角では左に入り止まる。段差を見つけたら止まる。人間の頭の高さの障害物を見つけて避ける。犬の眼線でぼやっと足元ばかり見ていたら人間の頭がぶつかってしまう。

犬は色盲に近いから信号の色は分からない。「青は進む」「赤は止まれ」「黄色は注意」と教える事はできない。

信号の色を判断するのは周りの状況である。盲人の人を見かけたら声で知らせてあげるのがいいだろう。

盲導犬は子供や老人よりもよほど注意深い。

盲導犬に町で会ったら、真剣に仕事をしているわけだから余計な事はしない。声をかけたり、なでたり、食物をあげたり、散歩中の自分の犬を近づけたりしない。盲人が困っている様子であれば声で知らせる。

盲導犬は二歳～一〇歳くらいまで働く。盲導犬の一生はどうであろうか。

二カ月間、親、兄弟と育ち二カ月～一歳までパピーウォーカーと呼ばれるボランティアと暮らす。家庭の中で、人間を信頼し社会性を身につけて、家の中の生活を学ぶ。「病院に来る犬・来る人」の中でパピーウォーカーとの哀しい別れを書いた（59ページ）。

盲導犬の性質は温厚で誰（人・犬）に会っても喧嘩をしない。

盲導犬の共同訓練が終わると盲人の元へ行き、訓練士と共に盲導犬としての生活が始まる。街の中のいろいろな障害物、看板、自転車、走ってくる車などへの対処を訓練士と共に学ぶ。犬が進んだり、止まったり、曲ったりするのを盲人自身も学ぶ。そして盲人の眼になるのだ。

ハーネスを体に付けると仕事である。ハーネスを外すとリラックスして普通の犬になる。家の中で可愛がってもらい楽しく暮らす。

盲導犬の引退は一〇歳ぐらいである。人間の年齢では定年間近だ。私が行なった調査研究では犬の寿命は一三歳だった。盲導犬の調査でも一三歳だ。

盲導犬は役目が終ったら、ボランティアをしているやさしい人がリタイア犬の面倒をみる。

愛玩犬は飼われたら仔犬から死ぬまで同じ飼主だが、盲導犬は飼主が五回も変わる。①生まれた家、②盲導犬訓練所に入学するまで育ててくれる家、③訓練士、④盲導犬に助けてもらう人、⑤リタイア犬の面倒をみてくれる人――。苦労もあるだろう。

盲導犬に感謝します。

今、日本で働いている盲導犬は一〇〇〇頭くらいである。介助犬は八〇頭、聴導犬は六〇頭くらいだ。希望者はたくさんいるが育成が追い付かない。お金の儲からない仕事の所には国の手厚い補助が必要だろう。

税金の使い方に国の文化度が現れる。

## ⦿——オウムの言葉

「オウム返し」という言葉がある。何の意味も解らず聞いたのと同じ言葉を返してくる。このオウム返しという言葉にどんな感じを持つだろうか。

オウムという鳥を理解していない人は、ただ音声を真似しているだけと思っている。だが、知能が人間に近い類人猿でも人の音声の真似はできない。

オウムという鳥は不思議な生き物だ。哺乳類、鳥類、爬虫類、両生類の舌は採食と発声のため口の中にある。いろいろな動物に舌があるが、人の音声を出せる舌を持っている動物はオウムのほかに、セキセイインコ、九官鳥やカラスなどがいるだけだ。

音声は仲間との情報交換の手段である。オウムの物真似は不思議な知能だ。

オウムは自分が興味を示した動物の声の真似をする。犬の声などすぐ真似る。オウムが確実に自分と同じ種族でない声を出すことは、何らか他の目的で喋っているのだ。

自分以外の動物の音声を出し、そのことに対する反応、それに対する結果を理解する知能があるはずだ。ただの「オウム返し」ではない。

オウムは、他の動物の音声を真似ることで利益を得ていると、私は思っている。とりわけ音声は重要な方法であり、障害物があろうが距離があろうが、暗い中でも移動中でも発信できる。速さと、それに消滅してしまう点でも優れている。音声は動物界における意思伝達の最高の手段であるにもかかわらず、なぜオウムは他の動物の音声を真似るのだろうか。そこにはオウムの本能と知能に他の動物にはみられない秘密がある。

同じ種類の鳥のさえずりにも方言（地域差）があり、その方言を真似ることはあるが、オウムはこれを大きく逸脱している。


私はキボウシインコを飼ったことがあり、名前をキー坊と呼んでいた。キボウシインコという鳥は相手をよく見る。オハヨーッ、その声は澄んで可愛らしい。私の子供に対する返事である。オハヨゥーッ、何か声が濁っている。私の顔を見て変な声で返事をしてくる。何も変な声でなく、可愛い声で返事をしてくれればよいものを、と思う。

オウムは物真似をして、聞いた相手の反応を喜ぶ知能があるのだろうか。我が家のキー坊も犬の鳴き真似をして、犬がキョロキョロして吠え立てるのを見て、楽しんでいるのを見たことがある。

私の病院の、まだ臨床経験の浅い若い獣医が往診することになった。そこは私の学生時代から付き合いのある家で、犬や猫、それにオウムもいた。この時は犬の診療であった。

彼は初めて行った家であった。玄関で一応の診察が終わり、「それでは注射をします」と犬の体に手を当てると、その時、「危なくてしょうがねーや」と大きな声がした。帰院した彼は「私は心が傷ついた」とそのときの感想を述べ、「後でその声の主がオウムだと解りほっとしました」と笑いながら話してくれた。

このオウムがどうしてタイミングのよい時に、こんな言葉を発するようになったのか。飼主の家族によほどおっちょこちょいがいたと思うしかない。

私の友達で海水魚やヘビを飼っている男がいた（ガラガラヘビを逃がして、近所で大騒動になったこともあった)。

彼の家へ行って、呼び鈴を押したときのことだ。「ちょっとお待ちください」と返事があったが、誰も出てこない。また呼び鈴を押すと、「ちょっとお待ちください」……五分が過ぎ、さすがにイライラしてきた。確かに奥さんの声に似ているが気配が変だ。

キボウシインコがいつも来客の呼び鈴に答える奥さんの声を真似していたのだ。居ない時には「留守です」とでも答えるように教えておいてくれと言いたくなった。

ある日、その彼の家で私がお酒をご馳走になっていたとき、隣の家からピアノを弾く音が聞こえてきた。その時、「ヘタクソ、ウルセエナ」と大きな声がした。

やはりキボウシインコだった。もし隣の奥さんがいる時に喋ったら笑い話にもならない。人はオウムの前でも言葉を慎んだほうがよさそうだ。

「オウムが風邪をひいているらしい」と言って来院した人がいた。

たしか私の家のキー坊も、「ゴホッ、ゴホッ」と家族の咳の真似をしていたことがあった。このオウムも呼吸器病の症状もないし、その時のことを思い出し、家の誰かが咳をしていないか尋ねた。

「そういえば、おばあちゃんの咳にそっくりだ」——一件落着。

キー坊は来た時から中村雨紅の『夕焼小焼』を可愛い声で歌ってくれた。どうせ真似るのならこの方がいい。特にご機嫌で歌っている時のキー坊は、自分がうっとり楽しんでいるように見えた。

そんな歌声を皆で楽しんだ。

また、豆腐好きのキー坊は「トーフーッ」という呼び声とラッパの音がすると、二階のテラスから、「豆腐屋さーん」と呼び止める。私は、声の主を探し求めている豆腐屋さんの仕種に苦笑したものだ。

それで豆腐を買うはめになったことが何度もあった。

思えば、私が「豆腐屋さん」と呼び止めて豆腐を買い、それをキー坊に与えていたことがあった。私が奴豆腐をつまみにビールを飲んでいる隣にはいつもキー坊がいた。

「豆腐屋さーん」と呼ぶ声は、オウム返しではなく、豆腐を食べたいという欲望を満たしてくれる言葉として理解していたと思われる。

キー坊に付き合って何度、奴豆腐をつまみにビールを飲んだことか。

今は聞かれなくなった自転車で豆腐売りをするラッパの音色が懐かしい。
昔は何でも独特な音色と口上で売りに来る人がいた。

## ⊙——チンパンジーの手術

今まで私は、サルという動物を二回飼育したことがある。それも二匹ともサルに同情してのことだったが、結構大変で、サルの面倒をみるというより、こちらが面倒をみてもらいたいくらいだった。

最初のサルは、私が大学を出て、国立予防衛生研究所に勤務した時のことだった。獣疫部には公衆衛生室、実験動物室と動物管理室があり、私は実験動物室に勤務していた。そこでは、カニクイザルの繁殖の研究と供給をしていて、サルはポリオの研究に使われていた。

そこの飼育管理をしていた人の話である。

その人は自宅にもサルを飼っていたが、「自分も年を取ってサルの面倒をみるのが辛くなったので貰ってほしい」と泣きつかれた。

研究所は目黒にあり、その人の家は五反田にあった。家に案内されると、カニクイザルとニホンザルがいた。

小さな家で暮らしもそんなに豊かそうには見えないのに、どうしてサルなど飼っているのか、何処《どこ》から連れてきたのか――あえて聞かずじまいにした。

真っ赤な顔をしたニホンザルは、私の姿を見るなり大きな声を出し、牙を剥《む》き出して威嚇してきた。カニクイザルは体が小さいメスでこれを貰うことにした。

電車で帰るわけにもいかず、当時の月給は一万五〇〇〇円ほどだったがタクシーを拾った。五反田から保谷の自宅までサルは騒いでいたが、私はカチカチと音を立てるメーターが気になっていた。

次に飼ったサルは、動物病院を開業してから持ち込まれた可愛い顔をしたマーモセットだった。この小さなサルは仕種《しぐさ》が愛らしく口唇が墨を舐めたように黒く、我家の小さかった子供たちの人気者になった。

一度、逃げてしまったことがあったが、外でセミなど捕まえて食べ終わると、また戻ってきた。かしこいサルだった。

私のサルとの関わりはこれだけである。獣医大学ではサルの詳しい勉強をした記憶はないし、解剖をしたこともない。それなのにチンパンジーの手術をする事になった。

共立製薬株式会社つくば研究所の濱田洋先生からチンパンジーの診察をしてくれないかと電話があった。草津温泉にある『草津熱帯圏』という爬虫類などの飼育で有名な施設に、そのチンパンジーはいるという話だ。

私はチンパンジーの診察はしたことがないし、遠方なので前橋の獣医を紹介するからと辞退したが、濱田先生は「磯部さんにお願いしたいのだから駄目だ」の一点張りで取り付く島も無いありさまで、どうもこうなると私はダメだ。

「先生のところへ飼育の人が二人で連れて行きますから、日時を約束してください」と、濱田先生からの連絡だ。先生は獣医といっても臨床ではなく研究者なので、チンパンジーの様子については素人と同じで、ただ「元気がない」の一言で終わりだった。

チンパンジーがやって来たのは、暑さも幾分和らいだ九月であった。

年配の飼育の人に抱かれて診察室に入ってきたチンパンジーは、見慣れぬ光景に驚いて、きつく抱きついて彼の胸に顔を埋めて大きな悲鳴を上げていた。

二歳の幼児くらいの大きさで、全身の毛はふさふさだったが、顔は髪の薄くなったおばあちゃんのようであった。

メスのチンパンジーだった。彼女も暫くすると余裕が出てきたのかキョロキョロしだした。彼女が私の顔を見た時、ふと思いついて上唇のところに舌を入れ、手の甲で顔を掻く真似をしてみた。道化師のマルセ太郎（大阪出身の芸人でサルの形態模写が得意だった）のつもりだった。すると驚いたことに彼女が私に抱きついてきたではないか。これで彼女との間に信頼関係は生まれた。

病院の中で誰よりも私のことが好きになったようだ。

「それでは診察を始めましょう――今までの様子を話してください」

ここ二、三週間、元気がなく、静かにしていることが多く食欲も低下していて顔色が悪い……ということだった。

サルは木の上にいて移動しながら食べ、排泄をしても後をつけてくる奴がいないというわけで、尻癖が悪く、何処でも糞と尿を漏らすのである。

体を診るためにオシメを外し、体温を計ったり、採血をしたり、体中を隈《くま》なく調べた。すると臍《へそ》の脇に、何となく毛が立っているように感じられる場所があった。そこを強く押すと彼女は嫌がった。

「もう少し詳しく診るために鎮静をかけよう」と助手に声をかけた。

腕に鎮静剤を打たれると彼女の眼はうつろになってきた。慎重に触診を進めると、臍の脇の腹壁が少し変だ。鶏卵の大きさの固いものに触れる、穿刺して内容を調べるため、太めの針を刺して吸引すると、わずかに膿性のものが採れた。腹壁に膿瘍ができていたのだ。彼女は飼育の人の手を握り、私の顔をじっと見つめていた。

私はこのまま麻酔をかけて、手術をする方がいいと話した。

「それではお願いします」

飼育の人の承諾を得て、ガス麻酔をかけることにした。

彼女が嫌がることがないように、ガスは一番薄い濃度から始めることにした。口にマスクを当て、暫くすると眠りについた。濃度を上げて、麻酔下の状態にし、仰向けに寝かせ、手足を紐で結んだ。いつもの見慣れた犬猫のお腹と違って、円く膨らんだそれにギョッとした。

毛をきれいに刈ると無影灯の明かりに映し出されたお腹は、ちょうど信楽焼の狸であった。私は皮膚にメスを当て切開した。

鶏卵大の塊を破らないように慎重にゆっくりと創《きず》を広げていった。すると、外側は固い皮膚に邪魔されて、この塊は腹腔の方へ大きく突き出していた。その膜は薄く、中身が透けて膿が見えた。危ないところだった。もし破れていたら腹膜炎を起こし、重大なことになっていたことが想像される。

初めてのチンパンジーの手術だったが、これで大丈夫と一安心した。後は時間の経過とともに回復するはずだ。傷に薬を塗布し綿布を当てて絆創膏で止めた。麻酔ガスを切り、酸素だけにすると、皺と産毛だらけの顔に赤みがさしてきたような気がした。眼はまだ閉じていたが、五分も経過すると瞼が少しピクピクし、うっすらと開いてきた。彼女を飼育の人に抱いてもらい、麻酔が醒めるのを待った。

私は創口をどうしたら悪戯されずにすむかを思案していた。すると飼育の人は持ってきたセーターを頭からすっぽり被せ、手が出ないように先を結んでしまった。私もこの早業には脱帽し、うまいことをするものだと、顔を見合わせて皆で拍手した。

その音が手術室のタイルにこだまして、手術の完了の合図となった。

彼女が完全に目醒めたとき、私がまた「マルセ太郎」の真似をすると、彼女は抱いてくれと手を差し伸べてきた。その力は私の体が引き寄せられるほど強いものだった。

この飼育の人は写真に趣味があるらしく、記念写真を撮ることになった。ニコンのすばらしいカメラで、チンパンジーを抱いた私を撮ってもらった。毛の一本一本が写っている見事な写真だった。

一一月に入り、群馬の妹のところに赤ん坊が生まれたので会いに行くことにした。かなり遠周りだが草津経由でチンパンジーに会いながら、ということになった。

私たちは親子五人で出発し関越道をスピードを上げて走っていた。三芳に差し掛かった頃、長女に、「お父さん、そんなにスピードを出すと捕まってしまうよ」と、後ろから注意されたがそのままの速度で走っていると、高坂付近で道は一車線になり、そこで御用となってしまった。

反則券を渡され、それからの車中は大変だった。私は沈黙したり、あやまったり、父親の権威など高坂に忘れてきたようだった。

高速道路を下りて、国道を走る頃には以前のように楽しい会話で賑やかさを取り戻した。途中、道路が混んで草津へ着く前に暗くなってしまった。車を停めて久しぶりに見る満天の星は美しく、しばらくすると風花が飛び始め、風はひどく冷たく、手が凍えそうだった。周りには何もない空と木立だけだ。子供たちは大自然の現象に歓声を上げていた。

『草津熱帯圏』は温泉街から少し離れた所にあり、大きなドームですぐに見つけることができた。

七時を過ぎていたので客はなく、閑散としていた。我々が入口に着くと、病院に来た二人と他に二人の係りの方がニコニコしながら出迎えてくれた。

さあ中にどうぞ、と案内してくれた。温室の中は暗く、生暖かく、大きな熱帯植物が生い茂っていた。ジャングルの小径を進んでいくと、「ギャーウーン!」という異様な叫び声がした。子供たちは一瞬、怯えて足が止まった。

その声は我々時間外の来訪者を仲間に知らせるかのように響き渡り、あたかもジャングルを探検しているようだった。夜行性の爬虫類などは活発に動き回っていた。

飼育の人たちが立ち止まると、眼の前に大きな真っ黒なチンパンジーの姿があった。七、八頭はいるようだった。チンパンジーは突然の侵入者に、「ウォーッ!」と大騒ぎであった。

飼育の人が手術をしたチンパンジーを抱いて連れてきてくれた。

彼女は私の顔を見るなり飛びついてきた。

「やっぱり私のこと覚えていたんだ」と話すと、子供たちは異口同音に、「お父さんのこと、仲間だと思っているのにネー」と、私の単純な喜びようを笑っていた。

## ⊙――寄生虫と幻の薬

歌人として誰でも知っている良寛和尚の歌に、

「蚤虱　こえたてて鳴く　虫ならば　我が懐は　武蔵野の原」

というのがある。さすがにやさしい良寛和尚だと思う。

戦後、蚤と虱に悩まされた事のある我々にとっては、良寛和尚のように悠長なことは言ってはいられない。「蚤虱　今夜も痒くて眠れない」というところだろう。

不思議なことに野生動物では宿主《しゅくしゅ》と寄生虫とは共生の世界である。野生動物が人間の管理下に入ると、共生していた寄生虫との関係が壊れ、寄生虫にひどく侵《おか》されることになる。

この共生のバランスが壊れたとき、痒みばかりでない生命に係る問題が出てくる。この小さな虫は痒いだけの事ではなくなるのである。

人間の社会におけるこのような状態とは災害・戦争のときなどがこれに似る。

蚤と虱はエライのである。立派というのか、すごいのである。何か畏敬の念さえ、この小さな虫に対して抱いてしまう。

動物の種類で一番多いのが昆虫界であるが、人の歴史を変えることが出来る虫など他にいない。それは、この虫が媒介する伝染病が、戦争の結果や社会の秩序、国力を決める力を持っていることだ。戦争病といわれた蚤のペスト、虱の発疹チフスである。この病気がなければ、特にヨーロッパの人口は増え世界の歴史は変わっていただろう。やはり、蚤と虱は昆虫界でダントツの偉さがある。

蚤、虱、蚊と平気で暮らしていた時代が少し前まであった。授業中、前の席の女の子の髪を虱がモゾモゾ動いているのを見たことがある。そんな事は日常的な出来事であった。

私はアメリカ初代大統領、ジョージ・ワシントンを見習った。

彼が一四歳のときに書いた『礼儀規則』に、虱などを他人の前で殺してはいけないこと、友人の衣服についていていたら、そっと取ってやること、そして自分が取ってもらったときには、その友人に厚くお礼を言うこと、とある。

夏の夜は蚊帳《かや》を吊るのが子供の役目で、何ともいえぬ蚊帳の匂いもあり、その中に蛍を飛ばして遊んだ思い出もある。蚊帳の中に入るときには、蚊を中に入れないように、ウチワでバタバタと扇いで中に入ったものだ。

夏の風情であった。

銭湯に行った時についた習慣がある。脱いだ衣類を入れる籠を逆さにしてトントンと床に叩く。皆がそうしていた。それは前に使った人の蚤や虱を落とすための動作であったのではないかと思われる。蚤と虱の文化的動作とも言えなくはない。

昭和二〇年代は蚤と虱と人間の共生の時代であった。お腹の中にも虫がいた。そのお陰で人間の免疫力も正常に機能して、アトピーとか喘息などにかかっている友達はいなかった。

「公害」という言葉を知らない時だったが、痒い寄生虫から解放してくれる、幻の薬としてアメリカ軍が我々に散布にしたのがＤＤＴであった。安倍川餅のように頭から背中まで白い粉をかけられた。

その白い粉の農薬が次々と作られていった。

自然の土地を耕して畑を作るとバランスが崩れ、それまでひっそりと暮らしていた虫達が害虫となって現れてくる。

すると人間は殺虫剤や除草剤などを作って散布する。

一九六二年、レイチェル・カーソンの『沈黙の春』が出版され、ＤＤＴを始めとする農薬などの危険性を、春になっても鳥達が鳴かなくなったという譬《たと》えで訴えた（日本では一九六四年に『生と死の妙薬』という題名で出版された）。

ＤＤＴや害虫を殺すための化学物質は確かに虫は殺したが、人間にどんな影響があるかということには『沈黙の春』で指摘されるまではだれも考えなかったのである。

自然界に無い物質の多量な生産がもたらした新しい危機である。

# 獣医の休日

## ⦿——散歩する

歩く時は目的地に向かって歩くが、最近は散歩が健康によいと流行っている。肉体的に健康によいし精神的にもよいと考えるべきだろう。

散歩は「あてもなく歩く」と辞書に書いてある。する事もなく時間潰しに歩く。高齢者になっても寝たきりにならずに元気でいたい、と歩いている。たしかに歩く事は骨盤の筋肉に良い作用をしている。

我が町東久留米には沢頭《さがしら》がある。二つの清流がある。荒川に流れる黒目川と落合川である。遊歩道も柔らかな整備された歩きやすい道である。

小さな町と思えるが、歩いてみると意外にいろいろな貌《かお》がある。

川の脇道であれば自然がある。流れの中には水草がゆらいでいる。鴨や白サギが泳いでいる。ウグイや鮎や鯉もたくさんいる。

のんびりした顔で釣り糸を垂れている人もいる。私も釣りをしたらすぐに十数匹が釣れた。魚を大きなツボに入れたら、元気すぎて外に飛び出て死んでしまった。生命を粗末にしてはいけないと唐揚げにして食べてしまった。美味しかった。食べるために釣りをしてもいいくらいと思った。が、それはなし。鯉の洗いもなし。

老若男女がたくさん歩いている。犬と散歩をしている人もいる。ひとりで散歩をしている人よりも犬連れが楽しそうである。「可愛い犬ですね」などと声をかけられ、まんざらでもない。ひとりよりも犬がいる方が多くの人が声をかけてくれる。幼児と散歩の時も同じであろう。飼主どうしの犬友達もできる。

地域に友達が増えることは好ましい。人生に厚みができるということだ。歩き方も人それぞれだ。体操でもしているように前を向いて規則正しく、口をへの字にして歩く人。周りを見ながら、花を見たり虫を見たりして楽しそうな人もいる。散歩に出れば心が癒《いや》される。

川面を見つめていると、「よく会いますねー」などと言って会話をする事になる。新しい出会いである。

「何処《どこ》か美味しいそば屋はないですかねー」

「ひとつ昼めしでも食べましょう」

となる。老後の暇のある人たちである。

そば屋の命は出汁《だし》にある。旨いそば屋は出汁に金をかける。かつおぶし、鯖ぶし、あご出汁、昆布出汁、干し椎茸、それぞれの品定めと比率は主人の好みである。それがお客の好みに合うか、自分の好きな味を見つけるのが道楽という道である――。などと話してそばを賞味する。

肩書きも身分もなく食べることに夢中になり、勘定は割り勘がいい。

年をとるという事は、若さが無くなるのではなく年輪が増える経過である。盆栽も木材も古くならなければ価値は出ない。若くみせる必要もなく、老人の風格、年にならなければ見せられない燻銀《いぶし》の光を出す。年寄りだから着られる服装をする。ジーパンを履《は》いて若く見せるよりは、あえて若者を近づけない。こくのある話ができるからだ。

長い間、今ではめずらしいグレートデンを飼っていた若奥さんがいた。大きな白黒の犬なので、散歩をしていると目立っていた。

ある時、よく病院に犬を連れてくる飼主から電話があった。

「最近あの大きな犬を見かけないのですが、飼主の方が病気にでもなったのでしょうか」

と心配して電話をくれたのだ。

最近の冷たい人間関係を思うと、なかなかいい話である。犬を介在したほのぼのとした人間関係がある。何かと文句を言う人よりは幸せであろう。

「今、その犬は入院しています。関節炎で、家にいると動き回るので安静にしている方がいいので。私に懐《なつ》いているので平気な顔をしていますよ」

「それで犬は大丈夫ですか」

「だいぶ良くなったので退院します。あなたが心配していた事を伝えておきます」

このような人に囲まれている人はお互い幸せである。

散歩のありがたさは、健康のためもあれば、人に会えて知らない情報を得るためもある。新しいものを見つける楽しみもある。

前から仲良く老夫婦が歩いてきた。なかなかいい感じだ。老後の見本みたいな二人連れだ。

「仲良く散歩でいいですね」

「いやいや、夫婦仲良くなどしてきませんでしたが、年寄りになったので手をつないで転ばないようにしているだけですよ。年寄りは助けあって生きるのが一番です。喧嘩などしてはいけません」

いい話だ。散歩の甲斐があった。

偕老同穴《かいろうどうけつ》になる、妻にやさしくするよう努力する。年寄りは若者に、年を取るとまた別な楽しみがあると見せてやる。


旅先でも近くの町でも、表通りでない路地に入るといい店を見つけることができる。お客を呼び込むわけでなくひっそりとした佇《たたず》まいの飲み処に気が休まるところがある。のれんを潜《くぐ》って中に入ると、一人先客がいる。白い割烹着を着た女将《おかみ》と話をしている。常連さんらしい。

食べているものを見ると、栃尾の油揚げの上にねぎとおかかが掛かっている。イカと里芋の煮もの、そんなものを見るとほっとするね。

とりあえずのビールは止めて、日本酒の旨味がある八海山を常温で注文した。小さな黒板にお品書きが書いてある。たくさん仕入れないで、毎日消費する分だけその日その日のつまみなのだろう。

昔はお通しは只《ただ》だったが今はそうでない。口に合わないお通しが出る時もあるが、ここにはない。

「なまこをお願いします」

袋物でないのがいい。注文を聞いてから切ってくれた。シコシコして歯ざわりがいい。相客がひとりなので店の中が静かなのがいい。相客の様子を見て話をするのもいいだろう。二人の話を聞きながら、テレビを見ながら間《ま》を過ごす。路地裏のお店のこんな雰囲気がいい。

どこの町にも華やかな表通りの裏には路地がある。観光地でも路地を散歩すれば庶民の生活の匂いがする。旅の奥が見える楽しみがある。おみやげにない庶民の普段の味が見つかる。初めて食べて美味しいものもあれば、びっくりして食べられないものもある。

伊豆七島の式根島、新島に犬・猫の手術のために気晴し気分で何十年も行っていた。

島の散歩は楽しいものだ。美しい海の見える景色、住宅の中を散歩すれば、島の雰囲気の道を猫がのんびり歩いている。

くさやの臭いがする。庭に干してある。

くさやを焼いている臭いがしている。臭いの道を辿ると、くさやを焼いて身だけをビン詰めにしている作業場だった。

長い間、この地で手術をしていたので知合いの人が何人もいた。

皮やくず身を貰うことにした。

旨い肴ができたものだ。

「おーい、ビール」

「乾杯」

島はのんびりしていて、山ほどあるくさやでビールをたらふく飲んだ。

くさやは焼くと強烈な臭いで、家庭では焼けない時もある。集合住宅で焼いて苦情が出た事がある。そういう人のためにビン詰を作っている。臭いは特異だが食べればその旨さの虜《とりこ》になる。

民宿でテレビなど見ていないで、散歩に出たらこんないい事があった。

外に出れば「散歩の徳」。まあ、新島産のくさやでもたびりよ（食べなさい）。

散歩ではないが話が脇道に入る。強い臭いのくさやの話になったので思い出した学問的な話である。

動物が強い臭いを嫌うようになるのは種として衰退に向っているからだという。

人間も、食物などに臭いものを嫌う傾向が出てくると、繁殖力も低下してきている兆候である。人間の身体は汚いものだ。清潔にしすぎる事、臭いを極端に嫌うのも同じである。

なにごとによらず行き過ぎでなく、「まあいいか」「だいたい」で人生はいいようである。

## ◉——食物連鎖の頂点に立つ人間は？

今年（二〇一五年）は戦後七〇年間、戦争もしないでいたと騒いでいるが、九月一九日、国会で安全保障関連法案が強行採決された。憲法改正草案の緊急事態条項にも注目したいところだ。

憲法違反だと学者も国民の多数も怒り、国会議事堂を取り巻いた。

マスコミは政府を監視する役目もあるだろうが、あまり報道しないマスコミもあった。

日本国憲法が公布された経緯《いきさつ》は当時（一九四六年一月二四日）幣原首相が「戦争を世界中がしなくなるには戦争放棄しかない」とマッカーサー最高司令官に伝えた。「その通りだ。天皇制を残すにはその方法しかない」。憲法第九条が天皇制を残したとも考えられる。

憲法第九条【戦争の放棄、戦力及び交戦権の否認】

①日本国民は、正義と秩序を基調とする国際平和を誠実に希求し、国権の発動たる戦

争と、武力による威嚇又は武力の行使は、国際紛争を解決する手段としては、永久にこれを放棄する。

②前項の目的を達するため、陸海空軍その他の戦力は、これを保持しない。国の交戦権は、これを認めない。

世界に誇るべき条文である。

・やさしく書いてあり、誤解して他の解釈のしようがない。世界の夢である。

・人生には夢があったほうがいい。実現しても、実現しなくても夢はあった方がいい。

日本国政府は常任理事国入りをめざすよりも、世界の国々の憲法にこの条文を入れさせ、この条文のある国々が集まり、国連で日本が世界の平和のリーダーになるべき努力をする――。いい考えですね。

宇宙時代の開幕を迎えるかに見えた人間は、科学技術の発展と核兵器が人類を滅ぼすと気づいていない。

人工知能を備えた機械ができたという。だが、機械はバカ、バカである。信用できないのである。過ちを犯す人間が、操作ミスをする人間が指示する命令に、考えもせずに従う。「して良いか悪いかの判断をする能力がない」から機械はバカである。科学技術が進歩するほどバカな機械はあぶないのである。科学は、人類の存在を脅かす時代になった。

人間は水の中以外の地球のあらゆる所を侵略し、そこにいる動物と植物を滅亡させた。野山を開墾し、そこに来る動物・植物を、害虫・害獣・雑草として排除してきた。

動物を生きた道具として家畜にした。家畜になるのを受け付けない動物もいた。家畜になり人間と互いのためになった動物もいる。

牧場主の女の子がレストランで残されているステーキを見て、牛が屠殺場にさみしそうに引かれていく姿を思い出し、何故、殺されるのだろうかと悲しくなったと書いていた。

人間は食物連鎖の頂点にいる。生き物の生命を食べている頂点の消費者である。全ての生き物の生命に関わっている。

生命を無駄にしてはいけない。

頂点の人間は全ての生命にやさしくありたい。小さい子、ハンディのある方、高齢者などを労《いたわ》りたい。

## ◉――老人力は衰えず

「後期高齢者」なる言葉も生まれた。政治家も民族が老衰すると慌てている。否定的な考えばかりであるが、北里大学特別栄誉教授・大村智氏は八〇歳過ぎてノーベル賞を授与された。

老人力は衰えず――。いろいろな所で、いろいろな事で生きている老人がいる。

新潟県村松町で今年（二〇一五年）で三一周年を迎えた『村松萬葉』という本が発行されている。私も一七年、原稿を投稿している。その出版祝賀会に出席した。

では、この本が作られた経緯はどうであろうか。

自然の美しい町、由緒ある城下町の村松に新しい形の文化を創ろうと『村松萬葉』の刊行を計画した。その「まえがき」に、「自らの心を耕し、人間生活を豊かにすること。これが文化という意味の語源だそうです。自分の心の中に在るものを、文章という方法で表現し合うのが本刊行会の意図です――」と書いてある。

この会で多くの幸福な高齢者に会った。

三一年間も続いているから当然である。一人ひとりが萬葉の一枚になり、原稿を書いて参加している。

祝賀会は年を取る事が楽しいばかりという雰囲気である。誰の話も理路整然としている。老いた青年に喝を入れる元気がある。

「生きる目的は何であるか」と聞かれれば答える。長く生きていれば「自分の人生の目的をさがすのが人生で、見つけられないで死ぬのが人生だ」と喝破する。

この本には歴史・風習・風俗・旅行などの継承がある。

この町には「陸軍少年通信兵学校」があった。この本で知る。大戦末期の昭和一八年に入校した一五、六歳の一一期生は戦局の急迫により繰り上げ卒業させられた。この生徒たちの最期を語り継ぐ一二期生が本に書く。

体験を語り継ぐ最後の人である。戦争の悲惨さを生の声で、活字でこの本に書く。

一一期生三〇〇名以上が三隻の輸送船に分乗し、フィリピンに向かい、二隻が魚雷攻撃により沈没した。帰還したのは三十数名であった――と。

戦争の悲惨さを体験者が語る。若者に伝える。いろいろの話題で語り、この会は老人福祉の風が吹きあれている。風を帆に受け動き回っている。

この会の事を『新潟日報』に投稿した。

### 〈村松に脈々「老人力」実感〉

磯部芳郎

「村松萬葉」31周年出版記念会が開催された。20年近く前、発行の中心になっている本間芳男さんと、山で知り合って以来寄稿させてもらっている私も出席した。

20周年少し前に作家の吉村昭氏に数年分の本を差し上げたことがある。「すごいねえ、新潟の小さな町で20年も続いているのは驚きだね。これが文化のある町と言うんだ」とおっしゃられた。村松萬葉の熱意と継続への称賛の証しか、20周年には、同氏からお祝いの電報も届いた。

そして31周年を迎えた祝賀会。一人一人の発言を聞きながら生きている美しさを感じた。人生は良いことばかりでなく苦労もあったはず。だが、祝賀会に参加していると年を取ることがうれしい気持ちになるのが不思議である。

村松陸軍少年通信兵学校出身の方もおられ、講演で彼らの敢闘の記録を聞くこともできた。すばらしい出会いがあり、人生に広がりができた。31年も続いているのは村松に老人力があふれているからだろう。忘れてはならない歴史が引き継がれていく。その足跡が村松萬葉である。

これが『新潟日報』二〇一五年一二月一〇日の記事である。本間さんの所にはたくさんの反響があった。

年を重ねて自分だけの経験がある。老いて語るに遅すぎるはない。この時だからこそ語れる。

年寄りの風格と持ち味を持ちたい。年寄りの経験で、経済だけが発展と思う社会をどうするか。年寄りの知能を試されている時が来た。

自然に対して経済至上・産業優先のもたらした悔恨が残る。

## ◉——偽教授

私が診ている産婦人科小児科の先生の愛犬は、てんかんが持病だった。私の子供を先生に診てもらいに連れて行ったとき、血圧の話になり血圧計を買うことにした。

後日、城西医理科（医療器具会社）の川東さんが血圧計を持ってきた。川東さんは気立ての良い人で、仲良しになってその後もレントゲンを買い換えたり、いろいろと厄介になるようになった。社長さんも良い人で、私の病院から出て開業する若い獣医達に「金はいつでもいいよ」と利息も取らずに面倒を見てくれた。

ある時、川東さんが吉祥寺の小料理屋を紹介するからと、行くことになった。

それは駅から数分のところにあり、女将《おかみ》さんは割烹着というでたちで、席も七人座れば満席、小上がりも四人でいっぱいの小さな店だった。

出される料理はどれもおいしかったが、その中で私が気に入ったのは、シメサバだった。

このシメサバは、どこの寿司屋のものよりおいしく、病み付きになった。

青山での学会の帰りに友達と店に入ると、ちょうど二人分の席が空いていた。先客は皆ほろ酔いで上機嫌だった。

女将さんがその中の一人を獣医大の教授であると紹介してくれた。もちろん私が獣医だからである。「先生の研究室は何ですか」と尋ねると、「何々だ」と答えてくれた。

これはまずい……。私はその教授と面識もあり、先ほどの学会で会ってきたばかりだった。一瞬ドキッとしたが、素知らぬ顔をしていた。彼はいつもこの店に来る常連のようで、周りの飲み友達もそう思い込んでいるらしかった。

「最近の学生はねー」などとユーモアを交えて、時には獣医学らしきことを話し、酔客を笑わせていた。呑兵衛向けにちょうどよい家畜の交尾の話などをしていた。

動物が好きらしく、獣医学らしき知識もあり、話の内容もおもしろかった。

そこで私が研究室の教授を知っていると話したらどうであろうか。たちまち座はしらけ、気まずいだろう。迷惑をかけるウソでもないし、そのままでいいや……。ときどき私も話に加わって和気藹々《あいあい》の楽しい夜になった。

嘘にも悪い嘘と良い嘘がある。良い嘘は世間の潤滑油である。

# さまざまな出会い

## ◉——犬・猫の『手術奉仕団』

式根島は伊豆七島の一つで、行政区は新島村に属している。約三〇〇〇年前の元禄一六年の火山活動で新島から分離し、その間はわずか三・七キロメートルなので潮流は速い。波風が荒くなれば新島と式根島を結ぶ『にしき丸』はすぐに欠航する。

人が住んでいた歴史は縄文時代早期からの遺物が層位学的に発見されている。島の南東の人家のはずれには大切な水を汲み上げていた「まいまいず井戸」が今でもその姿を残している。

「まいまいず」とはカタツムリのことである。深く掘り下げた底の地下水を汲み上げるために、渦巻き状に道が刻んであり、その様態がカタツムリの殻に似ているところからその名がついている。

式根島は小さいが海岸は複雑に入《い》りくみ、砂浜も美しい。人口は六百余人である。

その島を訪ねる事になったのは、一九七六年の夏であった。

それまで私は使命感と仕事の喜びで休みなく働いていた。当時、病院には若い獣医三人が私の助手をしてくれていた。皆、いい奴で楽しく仕事をしていた。

三人は前田君、馬場君、内山君で、休みも取らず働きづめだった。

ある時、三晩続いて犬の帝王切開があった。三日目の夜、二匹目の手術が終わりほっとして休息していると電話が鳴り出した。時計は午前三時を過ぎていた。

もうこれ以上診察はできない……私は眠りたいだけだった。

勘弁してくれー！　鳴り続ける電話はそのままにした。

早朝、また電話が鳴り出した。電話に出ると、田舎の妻のおばあちゃんの危篤の知らせだった。

今まで夜中の電話でも必ず出ていたのに不覚だった。

そんな私の生活を見ていた助手で釣り好きの内山君が、高校生時代から毎年行っている人情もよし、魚も美味しく、海水浴もできる楽しい所だからと勧めてくれたのが式根島だった。

「留守番は僕たちがしっかりやります」と、内山君は白い歯を見せた。

子供たちの夏休みを待って、日程は七月末から六日間とした。

浜松町駅から東海汽船の桟橋までの道路は、島へ遊びに行く嬉々とした人達でごった返していた。

我々一行は東京竹芝から午後一〇時三〇分『さるびあ丸』の船上の人となった。夏休みの初めとあって乗船客は通路にも階段にも溢れ、芋を洗うような状態だった。

この状態は、私が子供の頃、甲府へ行く終戦直後の列車が窓から出入りし、車内は身動きも出来ぬほどで、子供たちは網棚に横になっていたときの様子と同じで、哀しくも懐かしい記憶が蘇ってしまった。

睡眠もままならぬまま夜明けを迎えた。

「大島で下船の方はＢデッキまで」と放送があり、急に周りの人の動きが忙しくなってきた。

我々の目指す式根島は次の利島、新島の次である。皆で甲板に出てみると、昨夜の疲れも一瞬に吹き飛ぶ光景が広がっていた。

洋上から初めて見る太陽と波が織りなす光と水の景色に大きな声を上げた。

「わあ、すごい、きれいだ」

子供たちの顔が朝日に光った。足元の海面を見ると、船に驚いて無数のトビウオが翼に朝日を反射させて飛んでいる。この光景にも子供たちは大喜びだった。

多くの人が大島で下船して行った。客室にも少しゆとりができたが、我々は客室に戻ることもなく甲板で潮風にあたり、ただただ波を見るばかりだった。

甘食パンのような島が見えてきた。漁業と椿油の島、利島だ。下船の人数は十数人ほどで、乗船する人は少ない。島の家々は桟橋の近くに張り付くように建っている。

次は新島で、その次が式根島だ。

「式根島で下船の方はBデッキまで」

さっきと同じ事務的な口調の放送があった。我々も荷物をまとめて、Bデッキに並び点呼をした。子供の友達も数人同行していた。

「異常なし」

午前六時、接岸の合図の汽笛がブォーと鳴り、青い海原と岩肌に響いた。桟橋には多くの人と車が動いていた。

船員が桟橋に向けてサンドレッドを投げた。それはうまく拾われ、繋船索が手繰《たぐ》り寄せられて、キャプスタン（舟を繋ぐ鉄製の杭）に輪が掛けられ、船はみるみる岸に近づいた。

ウインチでタラップが上がってきて、甲板に接続された。

上陸だ。

おじさん、おばさんたちが皆、手に手に民宿の名前入りの旗を振っている。清々しい出会いだった。

今回世話になる民宿の旗を持ったおじさんは四〇代で、我々の荷物をライトバンに積み込み、車に乗り込んだ。

港からの急坂を上り、土産物屋の並ぶ細い道を通り過ぎると目的の宿に着いた。部屋には今日帰る人達がまだ居るらしく、我々は庭先で休むことになった。

シーズン中とあって宿泊客は一杯であった。


この島の磯は岩場と入江、そして白い砂浜と変化に富んでいる。

潜れば海草の中に泳ぐきれいな魚の群れ、子供たちはコバルトスズメがお気に入りだった。

遠く眼をやると、七、八人の子供が自動車のチューブを浮き輪にして浮かべ、潜っては何やらその下についている網の中に入れている光景が見えた。食いしん坊の私は、何か捕っているに違いないと思い、泳いでその場に行ってみた。すると、それは中学校の先生と生徒達が、海中のゴミを拾っているのだった。この島のきれいな理由の一つが解ったと同時に、東京からのこの距離は、生活のリズム、人情をこうも変えてしまうのかと感心させられた。

その日は午前も午後も十分に泳いだ。

待ちかねた夕食の時間が迫っていた。

夕食は大きな座敷で、同宿の人たちと一緒だった。あした葉の天ぷら、和え物、ムロアジの薩摩揚げ、タカベの刺身に煮物等、満点の夕食だった。それに特別料理は宿の主人が釣ったカンパチの舟盛りで、皆、初めて見る大きな魚に大喝采だった。

毎日、天候に恵まれ、青い空と海の中で子供たちは存分に遊んでいた。

長女の真由美が大きな声を出して手招きをしている。

「早く、早く、きれいな魚がいるよ」――次女の美加、三女の由紀も大はしゃぎだ。

皆で水中メガネを付けて、指差すところを見ると、穴の中から今まで見たことのない空色と赤の模様をしたウツボの仲間が出たり入ったりしている。頭の大きさは小指ぐらいだった。しばらくの間、皆で代わる代わる観察した。

夕食後は、皆で海に向かって散歩に出た。

森の中を歩いて行くと、とある民宿の裏から三毛猫が出てきた。腹を見せてニャゴーと、友好的である。乳房が大きく哺育中だとわかった。

その猫と別れて五〇〇メートルも行くと、森の中から仔猫の声が聞こえてきた。皆で探すと凹地に五匹の仔猫がいた。眼が開いたばかりで、仔猫たちは這い上がろうともがいていた。私達は仔猫を拾い上げた。

この仔猫たちは先ほどの三毛猫の仔に違いないと意見が一致し、猫を各々抱えてもとの道を引き返すと、民宿の裏に物置があり、ちょうどよいダンボールの空き箱もあった。

そこに仔猫を入れているとさっきの三毛猫が現れ、再会を喜ぶように一匹一匹丁寧に舐めまわした。

我々は民宿の人に見つからないように一目散にその場から逃げた。

民宿の人が仔猫をみつけ、親猫の仔を思う愛情にほだされて、そのまま育ててくれることを祈るばかりだった。

それにしてもまだ捨てられてから時間が経っていなかったのが幸いだった。

宿に戻り、捨てられていた猫の話をした。

「板子一枚下が地獄という生活をしている人は、猫の命も大切にしてほしいな」

「そうだね、島の人は動物好きで自由に飼っているから赤ん坊が生まれてしまうんだ。獣医さんもいないし、東京や下田に行って手術をする人もいるけど大変だしね」

美しい島の悲しい出来事だった。


帰宅してから早速、役場に手紙を送った。

無料で犬、猫の不妊手術をするから島民に知らせて欲しい、場所の提供もしてほしいと書いたが、村からの連絡はなかった。

私の独断で三人の獣医を式根島に派遣することにし、その旨を役場に連絡した。

宿泊と手術をする所は以前から内山君が利用していた民宿『羽根』とした。

三人が島に着くと、道端の拡声器から何か放送しだしたのに気づいた。歩きを止めて聞き入ると、

「今日、東京から名医が来て犬猫の手術をします。手術を受けたい方は……」

と放送していた。三人はそれを聞いて恥ずかしくなり、下を向いて足早に民宿に向かっ

た。後日、公的機関が名医などと言ってくれることは最初で最後だろうと大笑いした。

この手術は私の道楽みたいなものだから無料で始めたのだが、律義者の人達にはなかなか馴染めなかったようだ。その代わり三人はビールを貰ったり、くさやを貰ったり大変楽しんだようだ。

『第一回式根島犬猫無料手術奉仕団』は犬五匹、猫一四匹の手術をしてきた。

『手術奉仕団』は内山君の釣り上げた、優に八〇センチはあるフエフキ鯛を持ち帰った。皆で代わる代わる手に持って写真を撮り、魚拓も取った。

皆、自分で釣った魚であるという顔をして儀式は終った。

早速、姿造りにして、皆で手術の成功を祝った。楽しい晩であった。

その時、デンマークで知り合ったデンマーク人とドイツ人の獣医大学の学生が一カ月ホームステイをしていた。姿造りの宴会に二人はびっくりしていた。よくビールを飲む人だった。日本のビールはうまいと言っていた。

それから毎回『手術奉仕団』を待って、手術をしてもらいたいと猫を抱いて次々と島の人が来ると、常宿となった『羽根』のおばさんは、「先生たちの遊ぶ時間がなくなるからもう駄目だよ」と勝手に追い返したりするほどになった。私がそれに気づいて、構わないからと手術を受け付けた。

世話になっていたその『羽根』さんの小父さんが白血病で亡くなってしまった。

その後、民宿も『じゅうぞう』に変わった。ここの夫婦は私より少し年長である。昔、そば屋をしていたらしく、ここの食事の味付けは美味しい。難点を言えば二人とも酒を飲まないことだ。

子供が大きくなり、島について来ないようになった。それからの『手術奉仕団』の活動は、夏休みを避け、人の少ない時期に行くことにした。

同行するメンバーも友達に変わった。市役所の職員、警察官、自動車教習所の先生など、楽しい人たちばかりだった。もちろん、獣医をつれていく時もあった。

第一助手は妻の和江で、あとは俄か助手だが事はうまくいった。

市役所の萩原さんは体が大きく、しかも立派な髭を生やしている。私がいくら説明しても、萩原さんを大先生と思い込み、飼主は萩原さんの方ばかり眼が向いていた。

「磯部さんは貫禄がないからだよ」と皆で大笑いした。

私は手術に入る前に、次の猫の麻酔注射を済ませておいた。助手たちは猫に麻酔が効いてくると、毛を刈ったり、消毒をしてくれていた。使用した器具はすぐに洗い、薬液の中で煮沸滅菌をした。

これがパターン化して、一時間に三、四匹の手術をこなしていた。

我々は朝の九時頃から始め、昼食三〇分間、夕方五時まで手術をするのが常だった。

奉仕団活動を式根島でやりだして一〇年が経った頃、新島の人から我家に電話が掛かってきた。

「新島でも手術をお願いできないでしょうか。一〇〇頭はいると思います」

「ひゃーッ、一〇〇頭！」

電話の主は山本さんという人だった。役場に勤務していて真面目が洋服を着て歩いている、そんな人である。山本さんの友人に田中さんという人がいて、二人の性格は全然違うと思うのだが、大の仲良しである。

この二人が、新島の新しい友人である。そして、この島でも手術をすることになった。

なにしろ役所で仕事をしていた人だから、民宿の人とは違って手術の時間割などがきっちり出来ており、動物名や種類まで列記されて、スケジュールは分刻みである。

式根島には新島経由で小型飛行機『アイランダー』（一〇人乗り）で行くこともあった。

乗客を一人でも多く乗せるために私はパイロット席に乗せられた。

「私は何にもできませんから頼りにしないでください」と伝えた。

パイロットに何かあればお陀仏だ。パイロットのする動作を真剣に観察して、景色を見るよりパイロットの動作を見ていた。操縦中にも会話をした。

この飛行機の飛んでいる高度はもしエンジンが止まっても近くの島に行けると話していた。楽しいような恐ろしいような体験であった。

そのとき聞いたことだが、アイランダーという飛行機は安全な機種で、もしプロペラが止っても、何処かの島に辿り着くことが出来る高度を保っているのだという。

もちろん今は、機種も変わり、パイロット一人で飛ぶことはない。

その後、島の二人は『動物愛護クラブ』という団体を作り楽しく手伝ってくれたが、新島に動物病院が開院したのを機に、二八年間続いたこの仕事も終わりとした。

犬、猫のお陰で良き島人に知り合い、感謝するばかりだ。

その後、山本さんは村議会議員に、田中さんは村長になっていた。

## ◉——忘れ得ぬ人々

会うは別れの始めと言うが、会ったその時にはそんな考えはない。ばったり会う。会うのは人間ばかりではなく動物もあれば美しい景色もある。生き物でない本もある。

一期一会《いちごいちえ》、会えて嬉しかった人、亡くなった人を偲ぶ、倶会一処《くえいっしょ》、酒など飲んで酔いがまわると会いたくなる。

美男美女、貧富の差なく平等にくる死、その時、光にあふれる浄土で会いたい人に会えると思うと気分が休まる。

横浜の藤井愛犬総合病院の同門の弟子であった三廼《みつや》誠二氏（臨床獣医）に会う。豪快な中にも子細な思いやりがあり、絵を描き、詩を歌い、宮沢賢治を愛した。我が莫逆《ばくぎゃく》の友であった。

人生の事、仕事の事、生きる喜び、仕事の誇りを語り合った。いつも二人で語るたびに元気が出た。友人は心を支えてくれる杖のようなものだ。治療についても教え合い、手術法や勉強会などの講師もさせてもらった。

二人の診療態度は異なっていた。

彼は饒舌でないが故に貫禄があった。私からみれば説明が足りないと思う時もあったが、飼主に対しておしゃべりな私よりも十分に安心感が伝わっていた。その個性に感服だ。顧客からの信頼も厚く、当時の動物病院としては立派であった。

よく飲みよく遊び、と言いたい所だが遊びは無かったな。外国の獣医学会にも二人で助け合って参加した。その後の飲み会の方が目的だったような気もする。

私が市役所に頼まれて「母親の役割について」の講演をした。

その時、病院に動物を連れてきてくれる料理研究家の小林カツ代さんが弟子たちと聞きにきた。小林カツ代さんが主宰している「雑学の会」で講演をお願いしたいと言われた。東京芸術劇場で「動物の母親」という題でする事になった。三廼さんにもオブザーバーとして来てもらった。何かの時には助けてもらうつもりであった。

小林カツ代さんはたくさんの本を出版しているので、たくさんの人が集まってくれた。

編集者もたくさんいた。

講演後の質疑応答の時に、獣医師の話だからたいして期待もしていなかったが、聞いてみたら楽しい話、悲しい話、大変に勉強になったと言われた。褒《ほ》められたような、けなされたような話だが……。

また、女の人が「子供が生まれた時、腕が腱鞘《けんしょう》炎になった。猫でも飼って抱いた経験でもあれば、赤ちゃんを抱くのも心地《ここち》良く抱けて、腱鞘炎にもならずにすんだろう」と話してくれたのが、印象に残っている。そんな猫の役割もありそうだと思った。

帰りに三遖さんと池袋で、貰った講演料五万円で楽しく飲んだ。彼の飲みっぷりは良いものである。酒は楽しく飲むべし、明日の活力に！

しかし、三遖さんは六二歳であっけなく逝ってしまった。悲しみを振り切るのが大変だった。

酒に酔うと彼に会いたくなった。これが偲ぶということだろう。

偲ぶ二人といえば有名人の三國連太郎さんと小林カツ代さんたちだろう。動物を可愛がり、診察に来てくれた。

二人とも同じ年に亡くなり、テレビ、新聞等にたくさん報道された。以前に二人を偲ぶ文を書いたこともある。

私の顧客に獣医師でもある俳優がいた。「三國連太郎さんが病院に来ますよ」と話をすると、「すごい人が来るんだねー」と驚いていた。

三國さんとの出会いは、今はあまり見かけない大きなコリー犬の事故の時が始めであった。

股関節脱臼で外科処置が必要であった。大きな肢《あし》を引っ張ったり、捻ったり、大腿骨骨頭を関節内に収めるのだが、関節内の貝柱のような筋が切れているので、しばらくの間、後肢を固定しなくてはならない。一カ月間は必要だ。

また、ある暑い夏の日、村山貯水池に遊びに行き、犬を車の中に入れたままドアを締めてしまった。鍵は車の中にある。みるみる温度は上り、とうとう熱中症になってしまった。

三國さんはＪＡＦを呼んで、病院に跳んできた。

ひどい症状になっていた。熱中症の恐いのは腎不全である。体温を下げ、腎不全を治すべく治療は大変であったが、無事に元気にできた。他には大した病気も無かったが、付き合いは続いた。

往診をした事もあった。壁一面にむずかしい本が並べられていた。個性派俳優の人格の深い底を見た気がした。役者としての底の深さは学識の深さであった。

獣医で俳優になった人の話である。

「私の家の近くには大泉撮影所がある。ある時、主役の三國氏が来ない。これでは撮影ができないと皆で慌てていると、大道具の建物の中で乞食の姿でいる三國氏が見つかった」

三國さんは役になり切る人だというエピソードを話してくれた。社長にも乞食にもなりきる人であった。病院に来る時は普段着の、特におしゃれでもなかった。

多分、二人とお付合いした周りの人たちは人柄に癒されたはずだ。

小林カツ代さんとの出会いも少し書こう。

生き物に対する愛情は深く、著書『愛しのチー公へ――生きものたちとの一期一会』（筑摩書房）を読んでいただいたらよく分かる。

動物病院通《つう》で病院の経営方針、獣医師の人格など、料理の材料の質を見抜く鋭い観察で知識も豊富であった。

動物病院批評家として恐しいほど知識があった。獣医師会としては講師に招いて獣医師の倫理観などを話して貰う必要があった。今時の動物病院の請求書を見れば為になったはずである。

小林さんは生き物すべて、犬、猫、カラス、魚、イモリ、ヤモリ、毛虫まで愛情を向けている。

娘さんがペットショップにいつもいる、売れ残りの大きくなったレトリバーを餌付きで買ってきた。

店としては犬を買ってもらうだけで有難いものを餌まで買わされ、しかも犬は後躯に問題のある犬であった。つまり腰の安定が悪く、ふらつく犬である。

いつもいつもケージの中にいる犬を不憫《ふびん》に思い買ってきたという訳だ。動物をたくさん飼っているのに、その犬と眼が合う出会いがなければ飼うはめにはならなかった。

さて、珍しい出会いと言えば三國連太郎氏と吉村昭氏の出会いであろう。

出会いのきっかけは吉村氏の著作『羆嵐《くまあらし》』という長編にある。

羆《ひぐま》は知能が高く、執念ぶかい。弔《とむら》いの夜に手負いの羆が現れて人を襲った恐しい獣害史最大の事件があった。押入れの蒲団の中に隠れ、羆が人骨を齧《か》じる音を聞いて命拾いした人の話だ。

それを倉本聰氏がラジオドラマに脚色した。そして、テレビドラマになる事になった。

吉村昭氏は足で書く作家であり、いろいろな小説を書く時に気象学者より詳しく調べ、馬が走る時の土ぼこりはどうであったかまで調べるような作家である。

吉村氏は惨劇の地、北海道苫前町に行った。その時、主役の三國氏が同宿したと話してくれた。その宿は苫前町字古丹別にあった「住民センター」だった。一九八〇年の話である。

残念であった。吉村氏に一言、三國連太郎さんは愛犬家で私の病院に来てくれていると話しておけば、私を酒の肴《さかな》に話が合ったろう。あの獣医はおもしろい獣医だとか、ちょっとやぶ獣医だなとか、まあ、時間つぶしの話題に少しはなっただろうと思う。

人の出会いは、どこでどう絡《から》んでいるか分からない。私の事が話題になれば動物病院の治療についても話になったかもしれない。

「出汁《だし》」もカツオ節、ニボシ、昆布などいろいろあるが、人間の出汁もいいものだ。出汁になりそこなったのは残念であった。

私と吉村昭氏の出会いは、奥様の津村節子氏が私の前書『動物医者の独り言』に特別寄稿で書いていただいた。飼主と獣医という、犬が取り持つ出会いであった。吉村氏は『天に遊ぶ』（新潮社）の「獣医（その一）（その二）」などに私の事を書いてくださった。

最初に診察した犬は猟犬のセッターであった。フィラリア症になり猟には使えなくなった犬で、腹水も溜まっていた。

可哀相にと同情し、吉村氏が知人から引き取った犬であった。猟をする人なんぞは冷酷だと怒っていた。

治療についての詳しい事は省くが、結果はすこぶる元気になった。

また、お腹が大きくなったと診察を頼まれた。腹水の再発かと思っていたら妊娠していた。飼育管理はしっかりしていたのにどうした事か。元気になった証拠であった。

次の犬は、私が伊豆七島の新島から連れてきた犬を貰っていただいた。

散歩をしていると「何犬ですか」と聞かれて困ってしまうと話されたので、「秋田犬もいることだし新島犬と言ってくださいよ」と話した。「それはいいね」と笑っていた。

吉村氏は鯉が好きで、庭で鑑賞していた（鯉の小説『紫色幻影』）。庭の番犬チーコは猫のための番犬であった。

私が臨床獣医の研究会「土曜会」の会長をしている時に、吉村氏が心臓移植手術を題材にした『神々の沈黙』を発表された。朝日新聞社のすすめで、南アフリカ共和国の外科医バーナードの手術から三カ月後のことである。

一九六八年の事である。世界中を取材した。その時、世界中の病院でオリンパスの内視鏡が使われているのを知る。それが内視鏡開発の歴史を書いた『光る壁画』として発表された。

私の研究会で心臓手術取材余話を話してくれますか、とお願いした。「磯部さんとの仲で頼まれたのならば」と心良く引き受けてくださった。

講演では日本初の心臓移植手術を行った札幌医大の和田教授の話もあった。

何故、最初の心臓移植が世界の地方・ケープタウンで行われたのか、日本では札幌で行われたのか。医学の中心的でないところの方が、医療倫理的な問題がすぐに議論されずに行いやすかったからである。

心臓の停止が死と考えられていた。生きている心臓を移植に使う画期的な医学の進歩の証明として、また、医師の功名心で始まった。心肺停止を死としない「脳死」という言葉も生まれた。臓器が部品になったのだ。

人の死を待つ欲望が一つ増えた。和田教授はドナーの延命を考えるより移植のための元気な心臓が欲しかったのだと私は思う。

吉村氏は心臓移植手術について『神々の沈黙』の中では医学のやりたい進歩の結論は出していない。答えは読者にまかせている。だが私は、氏は懐疑的に思っていたと思う。講演会のテープを取らなかったのは最大の失敗であった。吉村氏の貴重な講演録になっていたはずだった。

わずかな講演料しか支払えなかった。

青山から渋谷で、その金で飲んで帰りましょうとなった。氏の行きつけの料理屋に行った。板前さんはちょんまげ風の頭をしていた。

吉村氏は日本酒の通人である。旨い酒と、今でこそシマアジは出回っているが当時は養殖などされていないので高級魚で、初めてごちそうになった。その旨さの感激は今でも忘れない。

私は酔った勢いで、「作家は手で字を書いていると思っていたら、吉村さんは足で書いていますね」と言った。すると「うまい事いうね」と、とても喜んでくれた。

吉村氏の新しい史実を見つける勘と熱心さは一番であると世間が認める所を、自分でもうまい言い方ができたと思っている。酒もどんどんいけた。私に対して好意を持ってくれた原因だろう。

歴史学者は事件を見る。しかし、氏は現地に行き景色を見る、生活を見る。住んでいる人を見て史実を書く。氏の作品には歴史学者にはない歴史のたたずまいが溢れている。

私が語るよりも二〇〇七年四月号『小説新潮』「特集　吉村昭　矜持ある人生」（新潮社）、『吉村昭』（川西政明著、河出書房新社）を勧めたい。

吉村氏には一二六冊の著作があるが、何故か古本屋には少ない。読者は氏の本を愛蔵してしまうのだろう。

余計な話であるが、我家で新聞社の人と一緒に酒を飲み楽しく歓談して、夜遅くご自宅までお送りした時である。作家で有名な奥様の津村節子氏が裁縫をしている姿を見た。何か高名な作家のイメージに合わない光景が印象的で忘れられない。

もうひとつの出会いを紹介しよう。五〇代の時に山で知り合った夫婦の事である。

１８７ページで紹介した『村松萬葉』発行の発起人が、山で知りあった本間芳男さんである。夫婦共に元小学校の先生であった。

その後、何度も登山をした。だが、万葉の本の話は三年くらいはなかった。

本間さんは、『死なないルウ』『越後国の赤い川』『どろぼうかいぎ』『ならぬことはならぬものです』『叱られ京太』等々、児童文学の本を多数発行している。

ある時、『村松萬葉』に参加しないかと誘いの話がきた。一人が一万円を出して原稿用紙四枚分の自分勝手な文章を書いて参加する。

この本の発行が三一周年（二〇一五年）となり、それが187ページの『新潟日報』の記事である。私も一七回参加した。

初めて参加した時の文章の一部を紹介すると次のようなものだ。

「人との出会いとは、おもしろいものだ。袖振り合うも多生の縁というが、泡のようにすぐ消えるものから、根を下ろし葉を出し実を楽しむまでの長い付き合いのものまである。その付き合いの深さは、その人の生きざまに感動したり、相性が合う、合わせることができるということだろう。

いままでの人生で出会った友だちの他力、ひとりでは生きられない。友だちは有難いものです」

## 【エピローグ】吾輩は犬である

何か読んだことがあるような題だな。

犬は尾を振り、猫はあくびをする。

猫は尾を振っても義理でひと振りするだけだ。全身で喜びを表わす動物は犬以外はいない。ちぎれるばかりに尾を振る犬はエライ。

犬は人に飼われ、猫は人を飼う。

漱石は猫について可愛がっても憎んでもいない。どちらかといえば犬好きであると答えている。

吾輩は犬である。名まえはまだない。

どこで生まれたか、とんとけんとうがつかぬ。野犬収容所で鳴いている所を慈悲深いお方に助けられてコンパニオン・アニマルになったのである。

今時、血統書付きの犬が多いが私は立派な雑種である。犬の血統書には七代も八代も前の家系図が書いてある。お前たち人間では、おじいちゃんおばあちゃんまでぐらいしか分からないだろう。ひいじいちゃん、ひいばあちゃんになると難しい。

吾輩は性格がおとなしいから、家に着いたらすぐに風呂に入れられた。いきなり人間家族の一員になった。

犬の祖先のオオカミは社会性のある生活をしている。リーダーの統率のもと、狩りをして秩序が保たれている。犬もその知能を受け継いでいる。

この家のリーダーは誰であるか、すぐに見分ける必要がある。

家族は優しいお父さんとお母さん、二人の小学生のお兄ちゃんと妹である。吾輩の体重は五kgで子供相手にはちょうどよい。オスで一歳である。

恐ろしい人間に収容所に入れられて殺されるところを、慈悲深い人に助けられ一命をとりとめた。

犬でも感謝の気持ちは持っている。家族のために存在する、いい犬でいる。

居場所を作ってくれた。可愛い首輪と散歩のリードも用意してくれた。食物も一年中、同じカリカリ（ドライフード）じゃー嫌だなー、と思っていたら魚や肉やいろいろで楽しみがある。

犬の気持ちが解る飼主でありがたい。

おすわり、お手とか、まてとか、ごろんしろとかいろいろ覚えさせられた。このくらいの事は我慢である。

この命令は自分の方が偉いと思わせるために決まっている。素直に言う事を私が聞いてあげなくては可哀相だろう。つらい事があっても犬にお手などと言って、犬が素直に従えば嬉しいものだ。俺の子分がいたかと。

子供たちも犬が来たので大喜びだ。

寝床もできて、食器も揃い、ダンボールのトイレもできた。

これから人間の家庭で四本足の視界で暮らす。どんな暮らしになりますか。

家族だけではつまらないので、犬友達も欲しいと思う。出来るか出来ないかは飼主の人柄によるな。できますように。

散歩がその機会だから、飼主の会話で決まりそうだ。

食事はお母さんが作ってくれる。

犬はタマネギで中毒になるから、ハンバーグなどをご馳走と思って出さないでください。

匂いが良いから食べちゃうからなー、要注意。たまには子供にも責任を持たせて作らせているから、吾輩も役に立っている事になる。

子供が作るのはいつも鯖缶とごはんだけど、美味しいね。面倒ばかりみてもらっている子供が、犬の面倒をみるのもいい勉強になる。自分が居なければ、と思う気持ちが育つからね。

吾輩が飼われてから家族が朗らかになった。

家が淋しいからという理由で飼われると不幸だね。人を愛する事が出来ない、人に愛されない、その代わりとしての対象に犬を選ぶのは寂しい。そういう心の隙間に入るわけだから、犬が役立っているわけだ。

さあー、散歩に行くぞー。

楽しい時だ。いろいろな人と犬に会えて嬉しい。しかし、飼主が無口で人付き合いが悪いと散歩をしても犬友達はできない。

犬のためといいながら、自分の健康のために歩く人もいる。

老犬になると付き合わされるのも大変だ。

飼主が老人になると、一人と一匹がヨタヨタでバランスがとれて健康にいい。

一人だと面倒だが、犬と散歩となると何となく格好がつく。犬のためと自分のために散

歩しているのだ。自分の役目があると思う。ほほえましく見えて、若者もあんな老人にな
りたいと思わせる。老人が出せる魅力の一部である。
　家で犬が躁《さわ》ぐと明るくなる。
　犬を撫でたりふざけたり、皆で騒いで笑い声が出る。
　一列に並んで誰が好きかと呼んでみれば、利口な犬は好きな人より家長の所へ無理して
行く。可愛がってくれている人に申し訳ないと思いながらそわそわ行く。
　犬にはそういう感情がある。
　吾輩はそのようにしているが、主人は解らず俺の所へ来たと喜んでいる。
　犬はやきもちやきだから、新しくきた仔犬を前からいる犬の前で可愛がると嫌な気持ち
にさせる。仔犬を可愛がる時は、前からいる犬の前ではだめで、見えない所で可愛がるこ
と。そうすると前の犬が仔犬を可愛がる。犬の心理も微妙である。
　吾輩も家族の喧嘩を見るのは困る。家族のだれに味方をしていいのか困るのである。だ
から夫婦喧嘩は犬も食わないのだ。
　留守をしている時に、行ってはいけない所に行ったり、いたずらをした時に飼主が帰っ
て来ると、喜ぶはずなのにそわそわした態度で玄関に迎えに行く。

頭のいい犬は知らぬ振りしてタヌキ寝入りをする。

可愛いじゃないですか。騙されたふりをしてやってください。

強く叱ったりしたら可哀相でしょう。うちの犬は頭がいいなー、と思うのが心の余裕である。

犬は群れの中の最下位にはなりたくない。吾輩も妹の命令に従わないで俺の方が偉いんだと見せる時がある。するとお兄ちゃんから、「こら」と叱られる。ずーっとばっち（一番下の子）でいるしかないのかなー？


うちのお母さんは、たらふくごはんを食べさせてくれる。もうこれで十分と思えば食べるのは止める。

いつもエサが少なくまんぷくにならずに止めさせられると、まんぷくになりたい、なりたいと思い利口になれない。

人を見れば何か食べたいと戯《ざ》れつく。懐《なつ》こいのではなくて、食べたいのである。

吾輩は知っている。

ペットショップから買われてきて、フードはこれだけ与えて下さいと指導された。

少ない量だったが、病気にならないようにと言い付けを守った。

ある日、飼主がいない時にドライフードの袋を見つけた。いつもまんぷくになりたい、なりたいと思っていたから、袋を破って食べられなくなるまでフードを食べてしまった。まんぷくで止めたのではなく、もう胃の中に入りきれなくなったのである。

喉が乾いて水を飲んだ。大変だ。胃が二倍にも三倍にもなり、横隔膜は動かなくなって死ぬ寸前である。

飼主が帰り、発見して動物病院へ直行した。嘔吐をさせて出すなどという状態ではない。すぐ胃を切開して膨らんだフードを取り出してもらった。

〝胃の程《ほど》を知らない〟可哀相な犬である。

動物は人間よりも〝胃の程〟を知っている。まんぷくなライオンは側をシマウマが通っても狩りはしない。無駄な狩りはしないのだ。

仔犬でもまんぷくにしてあげれば必要なだけ食べて残す。まんぷくにしてあげれば食後には静かに寝たりしている。

お父さんが酔っぱらって、寿司とかケーキなどおみやげを持って帰ってくると、人間は「おいしそう」などと言って食べてしまう。まんぷく中枢が壊れているのと、もったいないと思い食べてしまうのである。

我々犬は仔犬を殺すことはしない。

腹にくるんで舐めて舐めて、オシメも無いのに仔犬の体を汚さない。

仔犬が自力でごはんを食べだすと自分で排泄をする。それまで母犬は舐めている。

どうしたのですか？　人間社会は児童虐待がたくさん報告され、病気を無視され、死んだり親に殺されたりして、犬の仔の方が幸せですね。

一部の人間社会は人口が減り、滅亡に向かっている。

国境や宗教で喧嘩をし、国境の無い〝イスラム国〟などができて信頼が出来ない社会になり、オオカミの社会より劣っている。

吾輩は思う。

人間の敵は天災と病気である。そして今は第三の敵が増えて、仲間殺しがひどくなった。

だが、それに気付いていない。

科学は進歩してきたが、知能は悪い方向に向かっている。社会性のある動物として秩序を守る約束が信用できなくなった。仲間の人間が恐い天敵になった。

医療技術が進歩すれば障碍《がい》者も高齢者も増える。

だいたい「障害者」などという字、健常者に害を与えている感じで、よろしくない。今は「障がい者」と書いている事が多い。吾輩の浅知恵であるが「害」ではなくて「碍」がいいかな。国語学者にいい言葉を考えてもらいたい。

これから向かう社会に「ささえあう」心が人間にはなくてはならない。こんな事を吾輩に言われては、人間はバカだな。

犬にも仲間に対するやさしさがある。

臓器移植が始まり脳死なる言葉も生まれた。移植医療に対する人間の欲、仲間の死を期待する感情も生まれた。

人間の臓器が品物になった。

「ささえあう」気持ちがなくて献血もしない人が輸血をしてもらう。

老人を含め完全に自立できにくい人間が増えていくと予想される。

「人間」という字は「人と人の間」と書く。人間関係の間に緩衝剤として「ささえあう」心がないと人は壊れる。

犬も仲間の死を労《いた》わる。

しばらくの間、喪に服してごはんを食べないでいる。並んで食べていた仲間がいないので寂しいのだろう。

吾輩の主人は獣医師である。

愛犬二匹の夫犬が死んだ時に、妻犬がいつまで夫犬の記憶があるかと思い、「ムクが帰って来た」と声をかけると玄関へ走っていった。

一週に一回、「ムクが帰って来た」と実験をした。半年を過ぎても走っていった。

嘘をついて可哀相になって止めたと話していた。たくさん仔犬が生まれた時にも、仔犬を隠して数が解るか実験をしたとも話していた。

人間は通夜の席で、友との再会を楽しんで故人をだしにしている。寂しがる犬はえらい。

偲ぶという言葉がある。故人を思ういい言葉だ。

生まれるのは死ぬことだ。

終焉は祭りのように楽しく始末できるだろうか。しょうがないんだねー、死ぬために生まれてきたんだから観念するしかない。

吾輩の主人は、医療は死ぬ邪魔をしてはいけないと言う。

お爺さんと老犬が点滴に来る。

こんな場合、吾輩の主人はこう思う。

「無理をして生かせるのはどうかなあー。延命治療は犬のためになっているか。飼主のために生かされている（獣医の収入の役に立っている）。私の考えは少し違う。楽に死なせてあげるのも医療である。老犬が眠るように逝く時もある。幸せである。だがこの場合は飼主が老人である。老犬が生きることが無駄であると感じられ、老人も同じだと考えたら辛い」

毎日毎日、点滴にくる。愛犬を抱いて椅子に座り眠っている。その姿は和《なご》ましい。

お爺ちゃんの日課であり、自分の役割、心の寄りどころである。

もう点滴は止めましょう、とは言えない。治療費も安くしてあげないと可哀相だ。

以前の話だが、その日暮しの親しい老人が猫を可愛がっていた。万年床で、吾輩の主人が往診すると猫が数匹、ふとんの上にいる。

親しい間柄なので、主人は治療費の請求をしなかった。喜ばれると思ったのが間違いだった。自尊心を傷つけたのか、「金がないと馬鹿にしてる」と叱られた。人の心の中は解らない。そんな理由《わけ》で主人はこのお爺ちゃんからはお金を少しいただいていた。

獣医師は、犬を診て飼主の心も診るのが上手なのが名医なのである。

今は医療技術の発展で、いままでなら死んでいたはずの患者が先端医療技術によって死をまぬがれ障碍者となって生きていく。

人工臓器医療、人工心臓、人工腎臓で生かされ、障碍者が増えてゆく。高齢者も増えていく。すべき医療の限界を研究する学問も生まれる。ささえあい、ささえてもらう社会になる。人間関係の新しい学問である。

人間とペット動物との関係に学ぶこともあるかもしれない。

人間は火を使い言葉を喋る、道具を使う。自殺をする。

シジュウカラが「カラスがきた、トビがきた」と仲間に伝える言葉を使っているのが発見された。道具を使う動物はいる。

この本の中で犬の自殺のことが書いてある（１４０ページ）。

自殺という言葉、自死という言葉、同じであるようで少し感じが違う。

自殺というと暗い感じがするが、自死というと人生を完結させた、死に勝利したような感じを受ける。

日本では年間三万人ぐらいが自殺をしている。一〇年間では三〇万人以上である。

日本人は幸福であるのか？

答えは、まあまあと言う。幸福でもないが不幸でもない、ということだろう。

ある種の不安があるのだろう。その不安が自殺へと導くのか。ＧＮＰでなくＧＮＨ（国民総幸福量）が大切だとブータンの国王が言っていた。

交通戦争という言葉があったが、これは戦争である。政治の力で人間の知恵で防がなければならない時である。


吾輩の主人は五〇年以上前に厚生省（当時）の研究所に勤務していた。研究所は医学の研究と業務として抗生物質と予防注射の力価《りきか》（効果があるか）と安全性を調べていた。

今時、子宮頸がん予防注射の「副作用」で集団提訴があった。

そして主人が思い出した。

研究所の組合の総会の時に、一〇〇万人を助けるために一人の犠牲者が出た時に国はその一人を助けるべきでないか、事情を知っている我々の運動の中に入れるべきではないかと発言をした。

だが、組合の運動になじまないと却下されたと怒っていた。

予防接種法は一九四八年に成立し、国民は予防接種を受けることになった。一二回ほど改正され、細いところは改まったが、個人を犠牲にしても社会集団を守るという思想は変わっていない。

家畜に病気が発生したら淘汰するのに似ている。人間も家畜保健衛生法の家畜なみか。政治家が私欲のため、特権層のつもりになって、自分の利益と地位のために政治（地位）を使う。利益を生む特権層に気を使う。政治家になってはいけない性分の人である。

「いやになる　支持がないのに　ガードマン」（芳郎）

国を信用してはいけない。国は富国強兵のため「産めよ殖《ふ》やせよ」と言ったり、増えすぎたら大変だと産児制限をしたりした。産児制限の相談所が芝公園五号地に開かれた。子供はなんのために産むのか。安心して子育てができる国をつくるのが政治だろう。

〝あぶない〟ワンと吠える。

番犬だから危ない時に「ワン」と吠える。

犬もポチになったらおしまい。

報道されたくないことを報道しなければ報道の意味がない。

偉い政治家の周りは尾を振るポチばかりが集まっている。同じドッグフードみたいな餌が食べたいからである。

危ない時には「ワンワン」吠えないと、吠えられなくなったら番犬がいなくなってしまう。

警句の名人、米作家スティーヴン・キング氏が言う。

「世の中に愚問がひとつある。口に出さない質問だ」

「野良ネコに餌をやるな」

こんな看板を見る事がある。

嫌なものは認めない、寛容さがない、いたわりとささえあいの心が少ないのでないかと吾輩は思う。

町に野良ネコがいたっていいじゃないか。生きものがいない町よりも、道をネコが横切れば、頑張って生きろよと和むではないか。

夜の繁華街の板場に調理人が居なくなれば、ネズミの天国、餌もある。衛生的にも悪い。

野良ネコが少なくなったからである。

そんなことはないと反論もあるだろうか？

これからの話は関係ないと思う人もいるだろう。野良ネコだから居ないほうがいいのだと思う心は、嫌なものに対する寛容さがないから、人間に対しても同じ気持ちになる。

住みよい街とは？　それを見分けるのは簡単である。それは街で見かける猫数と、猫が見せる人間に対する態度でわかる。それを猫度という。

猫がのんびり生きられる隙間があるか。隙間は人間関係もゆるやかな証拠である。庭に猫が入ってきたと騒ぐ人は、子供の声がうるさいと騒ぐ人である。人を見ても逃げない猫がいることは、大らかな人が多い証明になる。猫度の高い、猫だまりのある景色はいいものだ。


人間社会の国会でも待機児童が問題になっている。

「保育園落ちた日本死ね！！！」が話題になったね。

何か施設を作ると反対する人がいる。保育園を作ると子供の声がうるさいと建設に反対をする。建設できたのに反対で入園できない、近隣住民の賛成がない、反対されて造れない所もある。

保育園、老人施設は迷惑施設なのか?

自分が子供の頃は大きな声で騒いで遊んだ事があるのに、それも忘れて我を通す。いずれは自分も高齢者になるのも忘れている。

後白河法皇(一一二七～一一九二)の歌謡集『梁塵秘抄《りょうじんひしょう》』に、

「遊びをせんとや生れけむ/戯れせんとや生れけむ/遊ぶ子供の声きけば/我が身さえこそ揺るがるれ」

とある。法皇が六〇歳の頃、子供の声に元気が出たと感謝している。

プールで子供の声が煩《うるさ》いから高い塀を作れと騒いだ人たちを知っている。

鳥が来るから餌をやるなと隣の人が言うので、可愛い小鳥も見られないと寂しそうな人も知っている。

猫だから、犬だから、小鳥だからすると言うが、人間にもするのである。

吾輩は思う。

人間は「ささえあい」と「いたわりの心」が足りないと思う。

犬は仲間の痛い所、痒い所を舐めてあげる。耳孔が汚れているとよく舐めてあげる。

犬はすぐに喧嘩ばかりしていると人間は思っているが、やさしさがあるんですぞ。

最近、人間の家庭がおかしいのが増えたのか。子殺し、親殺し、祖父・祖母殺し、子供が病気なのに無視して治療を受けさせない、食事を与えない、餓死する。

恐しい光景だね。

犬でも飼って仔犬を生ませ、母犬がどんな子育てをするか、親子共々よーく観察して、母性はどんなものか、どんなふうに育つか、生きることはどんなことか学んだほうがいい。

人間は犬たちに学ぶ事があると吾輩は思う。

人間はその事を膾炙《かいしゃ》しなければならぬ。

〝知性のない人間は、犬の知性に学べない〟

吾輩の人間に贈る言葉とする。

良き飼主に飼われた吾輩は幸せである。

感謝の気持ちを込めて筆を擱《お》く。

## ◉——あとがき

生きる目的は何か——。

生きるために、生きる。決められた目的はない。その目的を探すのが人生であろう。

また、その目的が解らずに終わるのも人生だろう。

——これが私の考えである。

喜寿を迎えて、自分の人生を振り返ったら、この本ができた。

人生に目的などないと言えば怒る人もいるだろう。目的がないと不安な人もいるだろう。

目的の達成感を深めたい人もあるだろう。

私は、その日暮らしのような目的でもいいじゃないか、と思う。

人生いろいろ、人それぞれの人生だ、楽しい時も、つらい時も。ずうっと幸せだと何もなくてつまらない、少しつらいことがあって幸せに気付く。お汁粉に少し塩を入れるようなものだろう。

幸せは自分の心が決めるものだから――。

孤独では生きていけない、支え合いの人間社会。支えて支えられて生きる社会。それでいいじゃないですか。支えられて、赤ん坊のオシメを取り換えてきたんだから。

人生は思うようにはならない。青い鳥は捕まえられない。だが、幸せだなー、と思う時がある。

誕生日に「おめでとう」と言われた時。学校に入学できた時、「がんばろう」と嬉しかった。好きな人と結婚できた時も、「人生、ついてるなー」とご満悦の体《てい》。子供が生まれた時には最高だった。青い鳥はそばにいるかもしれない。

臨床の仕事はやりがいがあった。しかし、実験動物の研究は可哀想だった。

人生の模様は楽しいことが多いが、汚れ模様も付いてくる。

高貴高齢者になると、未来の希望より過去の思い出の方が楽しい。

過去の思い出話を何度も何度もするのは、ボケてするのではなく楽しいからするのである。この本は、ボケ防止のために生きてきた道中で思い出した出来事や考えを、とりとめもなく綴ったものである。

文才のない私が書くのだから価値がある、と図々しく思っている。恥知らずの為せる所《わ》業《ざ》である。

ストレスは万病の元である。ストレスから逃れる生き方はあるのか。それは錯覚である。気にすればストレスだらけ、許す心でなごむが、怒る心がないと強く生きていけない。周りを見ながら嫌なことを忘れて歩く散歩はいい時間だ。ストレス解消になる。幸せの極意は極楽蜻蛉《とんぼ》だ。地獄か極楽か――極楽に来たと思えば幸せである。

人の助けなくしては、ここまで生きてこれませんでした。また、動物にも助けてもらいました。自分以外の生命に感謝、そして読者の皆様に感謝するとともに、皆様の幸福をお祈りします。

最後に、ご主人の故吉村昭先生とともに動物病院が縁で長くご交際いただいております津村節子先生には本書の出版にお言葉を寄せていただき、まことにありがとうございます。心より御礼申し上げます。

二〇一六年九月

磯部芳郎

# 動物病院《どうぶつびょういん》を訪《おとず》れた小《ちい》さな命《いのち》が教《おし》えてくれたこと

2016年10月20日　初版第1刷

著　者 ―――――――― 磯部芳郎《いそべよしお》
発行者 ―――――――― 坂本桂一
発行所 ―――――――― 現代書林
〒162-0053　東京都新宿区原町3-61　桂ビル
TEL／代表　03(3205)8384
振替00140-7-42905
http://www.gendaishorin.co.jp/

カバー・本文デザイン ―― 渡辺将史

印刷：広研印刷(株)　製本：(株)積信堂
乱丁・落丁本はお取り替えいたします。

定価はカバーに
表示してあります。



ISBN978-4-7745-1594-6　C0095